跟着茶经学泡茶

戴玄 · 主编

中国轻工业出版社

开门七件事，柴米油盐酱醋茶。

茶，对中国人而言，不单单是饮品，而是生活必需品，不仅是物质需求，更是感情和文化的需要。

茶是中国文化的重要标签，历代文人墨客无人不饮茶。而集茶文化大成者，首推唐朝茶圣陆羽。

陆羽所著《茶经》共三卷十章七千余字，分别为：之源、之具、之造、之器、之煮、之饮、之事、之出、之略、之图。全面论述了有关茶叶起源、生产、饮用等各方面的问题，传播了茶业科学知识，促进了茶叶生产的发展，开启了中国茶道的先河。

《茶经》中所蕴藏的智慧与经验一直到今天仍然为茶人们所折服，有"不读《茶经》，无以言茶"之说。

我们现在所流传的名茶及茶文化，则多是唐以后，明清所发展形成的，但是即便历经千年，仍然是在陆羽《茶经》所概括的范围内发展。

因此想学习泡茶和了解茶文化，都应该从了解《茶经》开始。

跟着本书认识茶经，学习泡茶，了解茶道。便可在合拢书卷之余，侧目闲看香茗于清水之中浮沉如戏，慢慢地舒展，直至叶片全部静卧杯底。此时茶香四溢，丝丝缕缕。捧茶细呷慢品，便能悟得茶道三味。

想要追求一种恬静安适、清心畅神的境界，茶，是最好的媒介。它把我们从喧闹的尘世中解放出来，能够以冷静的心去审视忙乱纷繁的世界，回归到清明的理性和悟性上去。

中国茶文化从来没有改变过对茶滋味、香气、口感的追寻，亦没有改变过对茶最为根源的认识。

茶之美，在于真，自然吐露芳华；茶之味，在于品，心静始得知音。

中篇｜读茶经，鉴名茶……69

下篇｜品茶经，悟茶道……191

茶经，泡茶品饮的指南书

茶者，南方之嘉木也。一尺二尺，乃至数十尺。其巴山峡川有两人合抱者，伐而掇之，其树如瓜芦，叶如栀子，花如白蔷薇，实如栟榈，叶如丁香，根如胡桃。其字或从草，或从木，或草木并。其名一曰茶，二曰槚，三曰蔎，四曰茗，五曰荈。其地，上者生烂石，中者生栎壤，下者生黄土。凡艺而不实，植而罕茂，法如种瓜，三岁可采。野者上，园者次；阳崖阴林紫者上，绿者次；笋者上，牙者次；叶卷上，叶舒次。阴山坡谷者，不堪采掇，性凝滞，结瘕疾。茶之为用，味至寒，为饮最宜精行俭德之人。若热渴、凝闷、脑疼、目涩、四支烦、百节不舒，聊四五啜，与醍醐、甘露抗衡也。采不时，造不精，杂以卉，茶为累也。亦犹人参，上者生上党，中者生百济、新罗，下者生高丽。有生泽州、易州、幽州、檀州者，为药无效，况非此者！设服荠苨，使六疾不瘳。知人参为累，则茶累尽矣。

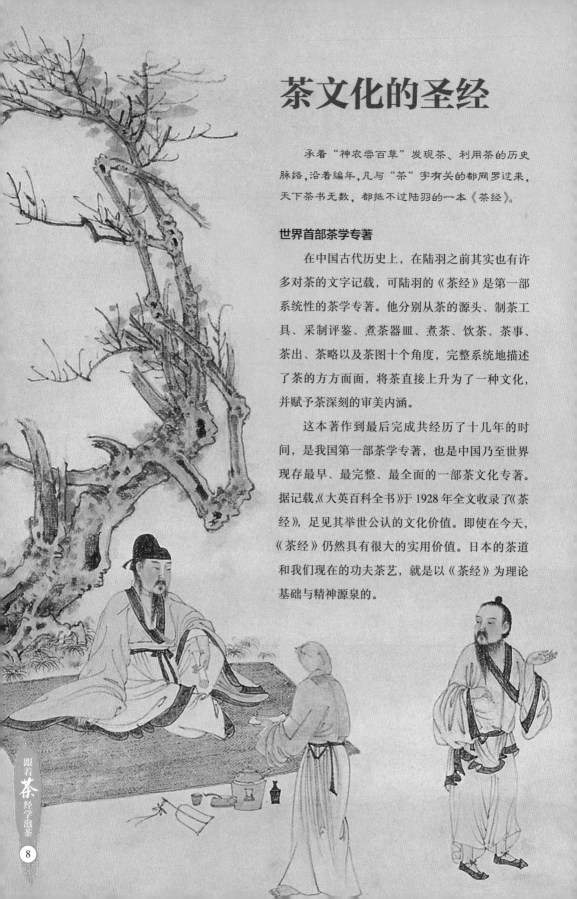

茶文化的圣经

承着"神农尝百草"发现茶、利用茶的历史脉络，沿着编年，凡与"茶"字有关的都网罗过来，天下茶书无数，都抵不过陆羽的一本《茶经》。

世界首部茶学专著

在中国古代历史上，在陆羽之前其实也有许多对茶的文字记载，可陆羽的《茶经》是第一部系统性的茶学专著。他分别从茶的源头、制茶工具、采制评鉴、煮茶器皿、煮茶、饮茶、茶事、茶出、茶略以及茶图十个角度，完整系统地描述了茶的方方面面，将茶直接上升为了一种文化，并赋予茶深刻的审美内涵。

这本著作到最后完成共经历了十几年的时间，是我国第一部茶学专著，也是中国乃至世界现存最早、最完整、最全面的一部茶文化专著。据记载，《大英百科全书》于1928年全文收录了《茶经》，足见其举世公认的文化价值。即使在今天，《茶经》仍然具有很大的实用价值。日本的茶道和我们现在的功夫茶艺，就是以《茶经》为理论基础与精神源泉的。

泡茶品饮的教科书

陆羽总结前人煮茶经验,自创了"煎茶法",就是将饼茶经炙烤、碾罗成末,候汤出沸投末,并加以环搅、沸腾则止。煎茶法的主要程序有备器、选水、取火、候汤、炙茶、碾茶、罗茶、煎茶、酌茶。《茶经》一问世,即风行天下,为世人学习和珍藏,并成为后世泡茶品饮的典范和指南。

三卷十节

《茶经》分为上、中、下三卷共十个部分。

上卷

"一之源"论茶的起源、名称、种类、产地和特性。

"二之具"讲茶的采制工具及其使用方法。

"三之造"阐述采茶的时间和要求,说明制茶的七道工序,并把饼茶按照色泽和外形分成八个等级。

中卷

"四之器"记录二三十种煮茶、饮茶的器具。

下卷

"五之煮"记载煮茶的方法及水质品位。

"六之饮"回顾饮茶的历史,说明饮茶的风俗、方法和鉴赏。

"七之事"是《茶经》内容最多的一部分,辑录了古书中论茶的文献,汇集了上古到唐代与茶有关的历史人物四十三个,传说、典故、寓言等四十八则。

"八之出"把全国的茶叶产地分成八大区,并把每区出产的茶叶分成四个等级,加以详细解说。

"九之略"论述在一定的条件下哪些器皿可以省略,哪些方式可以简化。

"十之图"主张把《茶经》制成挂图,悬挂在墙壁上,让饮茶者一望而知,经常观赏。足见他对《茶经》的高度重视。

《茶经》问世以后不仅带动了当时的饮茶风尚,还极为深远地影响到了后世。在陆羽《茶经》的影响和倡导下,茶的饮用和茶叶文化,在我国进一步发展起来。正是在陆羽写作《茶经》后,在文人雅士的引导下,人们才从"吃茶""饮茶"上升到"品茶"的境界,饮茶成了一种品位高雅的生活情趣,带给人脱俗的精神享受。

陆羽泡茶四要

鉴茶

学泡茶的第一步是先学会鉴茶，只有会鉴赏茶才能喝到好茶，方能探知其佳妙处。

陆羽鉴茶

在写茶的评鉴方法时，陆羽分别从茶的色泽、外形和质感等几个方面，细致地讲述了茶的鉴别方法。这里我们来看一下原文，细腻的语言中处处透露着对茶细致入微的观察。

> 阳崖阴林紫者上，绿者次；笋者上，牙者次；叶卷上，叶舒次。
>
> ——《茶经》原文

干茶色泽的鉴别——"紫者上，绿者次"

陆羽认为茶树生长在向阳山坡的树荫下，嫩叶以紫色的质量最好，绿色为次。这是因为唐代以饼茶为主，蒸压后茶叶并不要求如绿茶般的色泽，紫芽、紫叶中因花青素而引起的苦涩，在当时的表现被认为是"上"。

茶树嫩叶颜色会因为品种、土壤、覆荫等条件的不同而差异明显，仅从自然环境引起的芽叶颜色变化来判断茶叶品质的好坏，今天看来是片面的。"紫者上"的理论，现在已经不符合当下实际了。

茶叶嫩度的鉴别——"笋者上，牙者次"

"笋"与"芽"都是指新梢上的嫩芽，区别在于形状。"笋者"是早春前期刚萌发的新芽，像笋一样肥壮；"芽者"是新梢正常叶片展开之后，生于新梢顶端的细长而尖尖的茶芽。所以陆羽认为"笋者上，芽者次"。

茶叶形态的鉴别——"叶卷上，叶舒次"

"叶卷"指的是茶树新梢上刚刚初展的幼嫩芽叶，其形状仍向内卷拢。这种嫩芽，嫩度好，是绝佳的茶叶原料。

而"叶舒"是指完全展开后的成熟叶片，这种嫩芽，嫩度差，易硬化，品质较次。因此才有"叶卷上，叶舒次"。

茶叶品质的鉴别——"野者上，园者次"

不同生长地，茶叶的品质不一样。陆羽认为茶叶的品质，以山野自然生长的为好，在园圃栽种的较次。

茶博士小课堂

不同季节的茶叶品质也有区别

一般而言，春天生长的鲜叶，叶多呈浓绿，肥大而柔软，含水分多；夏天生长的茶叶，叶小而质稍硬；秋天的茶叶，其品质介于春夏季之间；至晚秋及冬初所产的茶叶，叶片较小且易硬化，制成茶，水色及香味均属淡薄，外形亦粗大，难以制成佳品。

今人鉴茶

现在我们鉴茶，不仅要看茶叶色泽、外形，还需要学会闻、品以及回味。

看

和陆羽当时鉴茶一样，现在我们鉴茶的第一步也是观察茶叶的形状。先看茶叶是否干燥，品质好的茶叶含水量低，用手指轻掐一下茶叶就碎，并且皮肤会有轻微刺痛的感觉，这说明茶叶的干燥度良好。反之，如不易压碎，就说明茶叶已经受潮变软，喝的时候口感较差，茶香也不会浓郁。

再看茶汤的色泽，观察茶汤是否清澈明亮。茶汤的颜色会因为加工过程的不同而有差异，但不论是什么颜色，好茶的茶汤必须清澈有一定的亮度，且汤色要明亮清晰。品质不好的茶叶，茶汤颜色暗淡、混浊不清。

最后看叶底，观察冲泡后展开的叶片或叶芽是否细嫩、均齐、完整，有无花杂、焦斑、红筋、红梗等现象，如果是乌龙茶，还要看是否"绿叶红镶边"。

闻

◎ 干闻

所谓闻，也分三步。第一步，闻干茶的香气。干茶香气有的是清香，有的是甜香，有的是焦香，比如绿茶的香气应清新鲜爽、乌龙茶以馥郁清幽为好，花茶则应芬芳扑鼻。如果觉得对干茶香气的判断有难度，可以从辨别有无陈味、霉味和吸附了其他的异味入手。如果干茶香低而沉，有酸味、霉味、陈味或其他异味，那么就不是好茶了。

◎ 热闻

第二步热闻，即茶泡开后趁热闻茶的香味。好的茶叶香味纯正，沁人心脾。如果茶叶香味淡薄或根本没有香味甚至有异味，就不是好茶了。

◎ 冷闻

第三步冷闻，是等温度降低后再闻茶盖或杯底留香，这时可闻到在高温时，因茶叶芳香物大量挥发而掩盖了的其他气味。闻杯底，对辨别茶叶质量是非常有效的。

品

◎ 品火功

第一品是品火功，品茶叶加工过程中的火候是老火、足火还是生青，是否有晒味。

◎ 品滋味

第二品是品滋味，让茶汤在口腔内流动，与舌根、舌面、舌侧、舌端的味蕾充分接触，看茶味是浓烈、鲜爽、甜爽、醇厚、醇和还是苦涩、淡薄或生涩。

茶汤的滋味丰富多彩，很难一一描述清楚，但共通点是：茶与水的融合度越高越好。茶汤滋味是茶叶的甜、苦、涩、酸、鲜等多种呈味物质综合反映的结果，如果它们的数量和比例适合，茶汤就会鲜醇可口、回味无穷。总的来说，茶汤的滋味以微苦中带甘甜为最佳。好茶喝起来滋味甘醇浓稠，饮后喉头甘润的感觉会持续很久。

◎ 品韵味

清代袁枚曾讲："品茶应含英咀华，并徐徐体贴之。"意思就是将茶含在口中，慢慢咀嚼，细细品味，咽下时还要感受茶汤过喉时的爽滑。只有带着对茶的深厚感情去品茶，才能欣赏到好茶的"香、清、甘、活"，以及它妙不可言的韵味。

回味

回味是指品茶后的感觉。品了真正的好茶后，一是舌根回味甘甜，满口生津；二是齿颊回味甘醇，留香尽日；三是喉底回味甘爽，气脉畅通，五腑六脏如得滋润，使人心旷神怡。

唐代制茶工序

唐人的制茶工艺用现代的眼光来看还是会显得比较粗糙，不过在当时，已经是非常讲究了。

讲究采春茶

> 凡采茶，在二月三月四月之间。茶之笋者，生烂石沃土，长四五寸，若薇蕨始抽，凌露采焉。茶之芽者，发于丛薄之上，有三枝四枝五枝者，选其中枝颖拔者采焉。其日有雨不采，晴有云不采。
>
> ——《茶经》原文

采摘茶叶，一般都在每年农历的二月、三月、四月之间。茶叶嫩得像竹笋的，大都生长在山洼石隙的肥沃土壤中，等新芽长到有四五寸长，就像薇蕨等野菜新发的嫩长细枝，这时要趁着晨露未干时采摘。茶已发芽的，通常生长在灌木杂草丛生的草木中，抽出的枝条有三枝、四枝、五枝，应该选取其中主枝挺拔的采摘。下雨时不采茶，多云的晴天也不要采摘。

七经目

> 晴，采之。蒸之，捣之，拍之，焙之，穿之，封之，茶之干矣。
>
> ——《茶经》原文

"七经目"是陆羽归纳唐代饼茶制造的七道工序，概括起来就是分为采集、蒸茶、捣碎、拍饼、焙干、穿茶和封茶七个步骤。

采集	按照"凌露"和"颖拔"的标准，从茶树上采下新鲜的茶叶。
蒸茶	将采摘下的茶叶放入密封的锅中高温蒸，类似现在绿茶加工工艺中的蒸青，通过蒸的方式使得茶性充分发挥出来。
捣碎	用杵将蒸好的茶叶捣碎。
拍饼	将捣后的茶叶进行装膜和紧压，并拍打成为一定形状的茶饼。
焙干	将成形的茶饼进行人工干燥，即烘焙。
穿茶	将烤干的茶饼用细绳穿起来。
封茶	用纸将穿好的茶饼包封起来就可以了。

跟着茶经学泡茶

唐代饼茶的审评标准

茶有千万状，卤莽而言，如胡人靴者蹙缩然，犎牛臆者廉襜然，浮云出山者轮囷然，轻飙拂水者涵澹然。有如陶家之子，罗膏土以水澄泚之。又如新治地者，遇暴雨流潦之所经，此皆茶之精腴。有如竹箨者，枝干坚实，艰于蒸捣，故其形籭簁然；有如霜荷者，茎叶凋沮，易其状貌，故厥状委萃然，此皆茶之瘠老者也。

——《茶经》原文

《茶经》中所说的饼茶审评方法，就是现在所说的干看，鉴别饼茶外形。陆羽评判饼茶的外形，只评比其匀整和色泽，并将饼茶分成了八个等级。

优质茶饼

胡靴	茶饼面带有皱缩的细褶纹。
牛臆	茶饼面带有齐整的粗褶纹。
浮云出山	茶饼面带有卷曲皱纹。
轻飙拂水	茶饼面带有微波形状的皱纹。
澄泥	茶饼表面平滑。
雨沟	茶饼表面光滑，但有沟痕。

老茶饼

竹箨	茶饼面呈笋壳状，起壳或脱落，并含老梗。
霜荷	茶饼面呈凋萎的荷叶状，色泽干枯。

总体来说，八个等级是以嫩为好，以老为差；以叶汁流失少、蒸压适度为好；以叶汁流失多、蒸压过度为差。

现代七大茶类

到了今天，茶叶已经远远不止陆羽所说的八种。仅从大类上分，就有七大类。至于细分的品种更是数不胜数，从外形到加工、到口感，各不相同。即使陆羽再生，也会感叹不已吧。

根据制造方法不同和品质上的差异，可将茶叶分为基本茶类和再加工茶，其中基本茶类包括：绿茶、红茶、乌龙茶、白茶、黄茶和黑茶六大类。

绿茶制作工艺

绿茶的加工，简单分为杀青、揉捻和干燥三个步骤，其中杀青是制作绿茶的关键工序。简单地说，杀青就是利用高温杀死叶细胞，停止发酵，让茶固定在我们希望的状况下。方法有二：一是用炒的，称为炒青；二是用蒸的，称为蒸青。我们平时喝到的茶绝大部分是用炒的，只有少部分绿茶采用蒸的。炒青的茶比较香，但蒸青的茶比较绿。

鲜叶通过杀青，酶的活性钝化，内含的各种化学成分，基本上是在没有酶影响的条件下，由热力作用进行物理化学变化，从而形成了绿茶的品质特征。

乌龙茶制作工艺

乌龙茶工序概括起来可分为：萎凋、做青、炒青、揉捻、干燥，其中做青是形成乌龙茶特有品质特征的关键工序，是奠定乌龙茶香气和滋味的基础。

萎凋后的茶叶置于摇青机中摇动，叶片互相碰撞，擦伤叶缘细胞，从而促进酶促氧化作用，茶叶发生了一系列生物化学变化。叶缘细胞的破坏，发生轻度氧化，叶片边缘呈现红色。叶片中央部分，叶色由暗绿转变为黄绿，即所谓的"绿叶红镶边"。

黑茶制作工艺

黑茶制作工艺流程包括杀青、揉捻、渥堆作色、干燥四道工序。渥堆是将揉捻好的茶叶放置到潮湿的环境中进行发酵，具有一种温热作用。渥堆是决定黑茶品质的关键，其时间长短、程度轻重都会直接影响黑茶成品的品质，使不同类别黑茶的风格具有明显差别。

红茶制作工艺

红茶制作基本工艺是鲜叶经萎凋、揉捻（揉切）、发酵、干燥四道工序。萎凋是红茶初制的重要工序。萎凋方法有自然萎凋和加温萎凋两种。萎凋时间、萎凋程度的掌握因萎凋方法、季节、鲜叶老嫩度等因素而异。

发酵是决定红茶品质的关键工序。通过发酵促使多酚类物质发生酶性氧化，产生茶红素、茶黄素等氧化产物，形成红茶特有的色、香、味。

黄茶制作工艺

黄茶的杀青、揉捻、干燥等工序均与绿茶制法相似，其最重要的工序在于闷黄，这是形成黄茶特点的关键，主要做法是将杀青和揉捻后的茶叶用纸包好，或堆积后以湿布盖之，时间以几十分钟或几个小时不等，促使茶坯在水热作用下进行非酶性的自动氧化，形成黄色。

白茶制作工艺

白茶的制作工艺，一般分为萎凋和干燥两道工序，而其关键在于萎凋。萎凋分为室内萎凋和室外日光萎凋两种。要根据气候灵活掌握，以春秋晴天或夏季不闷热的晴朗天气，采取室内萎凋或复式萎凋为佳。其精制工艺是在剔除梗、片、蜡叶、红张、暗张之后，以文火进行烘焙至足干，只宜以火香衬托茶香，待水分含量为4%~5%时，趁热装箱。白茶制法的特点是既不破坏酶的活性，又不促进氧化作用，且保持毫香显现，汤味鲜爽。

再加工茶类制作工艺

再加工的花茶属于我国独特的一个茶叶品类。花茶选用已加工茶坯作原料，加上适合食用并能够散发香味的鲜花为花料，采用特殊窨制工艺制作而成。窨制是指将鲜花和经过精制的茶叶拌和，在静止状态下茶叶缓慢吸收花香，然后筛去花渣，将茶叶烘干而成。

茶叶用量是关键

在冲泡时究竟投放多少茶量，对于喝茶来说实在是关系重大的事情。茶叶放多了，茶汤会发苦、发涩；放少了，茶汤又会寡然无味。因此，要想泡好一杯茶，还要学会掌握茶叶用量。每次茶叶用量多少，并没有统一标准，主要根据茶叶种类、茶具大小以及个人的饮用习惯而定。

因时间长短而异

茶叶用量的多少，关键是掌握茶与水的比例，茶量放得多，则浸泡时间要短；茶量放得少，则浸泡时间要长。这时如果水温高，浸泡时间宜短；水温低，浸泡时间要加长。

有人曾做过这样一个试验：取 4 只茶杯，各等量放入 3 克相同的茶叶，再分别倒入沸水 50 毫升、100 毫升、150 毫升和 200 毫升。5 分钟后审评茶汤滋味，结果是，加水 50 毫升的滋味极浓，加水 100 毫升的滋味太浓，加水 150 毫升的滋味正常，加水 200 毫升的滋味较淡。

因茶而异

茶叶种类繁多，茶类不同，投茶量各异。嫩茶、高档茶用量可少一点，粗茶应多放一点。乌龙茶、普洱茶的用量也应多一点。比如冲泡一般红、绿茶，茶与水的比例大致掌握在 1:50，即每杯放 3 克左右的干茶，加入沸水 150~200 毫升。如饮用普洱茶，每杯放 5~10 克茶。投茶量最多的是乌龙茶，每次投茶量需为茶壶容积的 1/2，甚至更多。

因人而异

茶、水的比例因饮茶者个人情况也有所不同。对嗜茶者，一般红、绿茶的茶、水比例为 1:50 至 1:80，即茶叶若放 3 克，沸水应冲 150~240 毫升；对于一般饮茶的人，茶与水的比例可为 1:80 至 1:100。乌龙茶茶叶用量应增加，茶、水比例以 1:30 为宜。家庭中常用的白瓷杯，每杯可投茶叶 3 克，冲开水 250 毫升；一般的玻璃杯，每杯可投放茶 2 克，冲开水 150 毫升。

因茶龄而异

茶叶用量还同饮茶者的年龄结构与饮茶历史有关。中、老年人往往饮茶年限长，喜喝较浓的茶，故用量较多；年轻人初学饮茶的多，普遍喜爱较淡的茶，故用量宜少。

因地而异

不同地方的人，口味不同，甚至同一地方的人，对不同的茶也有着不同的口味爱好。比如西藏、新疆、内蒙古等少数民族地区，以肉食为主，当地又缺少蔬菜，因此茶叶成为生理上的必需品，他们普遍喜饮浓茶，故每次茶叶用量较多；江浙及邻近省份的人，多选用龙井茶或高级绿茶，一般用较小的瓷杯或玻璃杯，每次用量不多；而南方云贵、广东和福建人士，多选用半发酵的高级包种茶、武夷茶或普洱茶等，茶具虽小，但用茶量较多。

刚开始喝茶的人，不妨多试几种用量，找到自己最中意的那一款，然后作为标准固定下来。

评茶常用语

形状（外形）评语

细嫩	条索细紧显毫。
细紧	条索细长卷紧而完整。
紧秀	鲜叶嫩度好，条细而紧且秀长，锋苗毕露。
紧结	嫩度低于细紧，结实有锋苗，身骨重。
紧实	紧结重实，嫩度稍差，少锋苗。
粗实	原料较老，已无嫩感，多为三四叶制成，但揉捻充足尚能卷紧，条索粗大，稍感轻飘。
粗松	原料粗老，叶质老硬，不易卷紧，条空散，孔隙大，表面粗糙，身骨轻飘，或称"粗老"。
壮结	条索壮大而紧结。
壮实	芽壮，茎粗，条索卷紧、饱满而结实。
心芽	尚未发育开展成茎叶的嫩尖，一般茸毛多而成白色。
显毫	芽叶上的白色茸毛称"白毫"，芽尖多而茸毛浓密者称"显毫"；毫有金黄、银白、灰白等色。
身骨	指叶质老嫩，叶肉厚薄，茶身轻重。一般芽叶嫩，叶肉厚，茶身重的为身骨好。
重实	指条索或颗粒紧结，以手权衡有重实感。一般是叶厚质嫩的茶叶。
匀齐	指茶叶形状、大小、粗细、长短、轻重相近。
光滑	形状平整，质地重实，光滑发亮。
末	指茶叶被压粹后形成的粉末。
扁平	扁直坦平。
片状	茶叶平摊不卷，身骨轻，呈片状。
粗糙	外形大小不匀，不整齐。
脱档	茶叶拼配不当，形状粗细不整。上、中、下三段茶配不当。
团块、圆块、圆头	指茶叶结成块状或圆块，因揉捻后解决不完全所致。
短粹	面长条短，碎末茶多，缺乏整齐匀称之感。
露筋	叶柄及叶脉因揉捻不当，叶肉脱落，丝筋显露。
黄头	粗老叶经揉捻成块状，嫩度差，色泽露黄如圆头茶。
松碎	外形松而断碎。
缺口	茶叶精制切断不当，茶条两端的断口粗糙而不光滑。

茶叶色泽用语

墨绿	深绿泛黑而匀称光滑。
绿润	色绿而鲜活，富有光泽。
灰绿	绿中带灰。
铁锈色	深红而暗，无光泽。
青绿	绿中带青，光泽稍差。
砂绿	如蛙皮绿而油润，优质青茶类的色泽。
青褐	褐中泛青。
乌润	色黑而光泽好。
猪肝色	红而带暗，似猪肝的颜色。
棕红	棕色带红，叶质较老。
蛤蟆背色	叶背起蛙皮状砂粒白点。
枯暗	叶质老，色泽枯燥且暗无光泽。
花杂	指叶色不一，老嫩不一，色泽杂乱。

茶汤颜色评语

艳绿	水色翠绿微黄，清澈鲜艳，亮丽显油光，为质优绿茶的汤色。
绿黄	绿中显黄的汤色。
黄绿 （**蜜绿**）	黄中带绿的汤色。
浅黄	汤色黄而淡，亦称浅黄色。
金黄	汤色以黄为主稍带橙黄色，清澈亮丽，犹如黄金之色泽。
橙黄	汤色黄中带微红，似成熟甜橙之色泽。
橙红	汤色红中带黄似成熟桶柑或椪柑之色泽。
红汤	烘焙过度或陈茶之汤色浅红或暗红。
凝乳	茶汤冷却后出现浅褐色或橙色乳状的浑汤现象，品质好、滋味浓烈的红茶常有此现象。

茶汤滋味评语

浓烈	味浓不苦，收敛性强，回味干爽。
鲜爽	鲜活爽口。
鲜浓	口味浓厚而鲜爽。
甜爽	滋味清爽，带有甜味。
回甘	茶汤入口后回味有甜感。
醇厚	茶汤鲜醇可口，回味略甜，有刺激性。
醇和	滋味欠浓，鲜味不足，无粗杂味。
淡薄	滋味正常，但清淡，浓稠感不足。
粗淡	味粗而淡薄。
粗涩	原料粗老而涩口。
生涩	涩味且带生青味。
苦涩	滋味虽浓但苦味、涩味强劲，茶汤入口，味觉有麻木感。

茶叶香气评语

清香	清纯柔和，香气欠高，但很幽雅。
幽香	茶香优雅而文气，缓慢而持久。
清高	清香高爽，柔和持久。
松烟香	茶叶吸收松柴熏焙的气味，为黑毛茶和烟小种的传统香气。
馥郁	香气鲜浓而持久，具有特殊花果的香味。
青气	带有鲜叶的青草气。
高火	茶叶加温过程中温度高、时间长，干度十足所产生的火香。
甜香	香气高而具有甜感，似足火甜香。
纯正	香气纯净而不高不低，无异杂味。
花香	香气鲜锐，似鲜花香气。
浓香	香气饱满，无鲜爽的特点，或者指花茶的耐泡率。
鲜嫩	具有新鲜悦鼻的嫩香气。
闷气	一种不愉快的熟闷气。
异气	感染了与茶叶无关的各种气味。

选水

品茶必先试水，水质能直接影响茶汤的品质，水之于茶，犹如水之于鱼一样，"鱼得水活跃，茶得水更有其香、有其色、有其味"。

陆羽论水

> 其水，用山水上，江水中，井水下。其山水，拣乳泉、石地慢流者上，其瀑涌湍漱，勿食之，久食令人有颈疾。又水流于山谷者，澄浸不泄，自火天至霜郊以前，或潜龙畜毒于其间，饮者可决之，以流其恶，使新泉涓涓然，酌之。其江水，取去人远者。
>
> ——《茶经》原文

古人对泡茶用水有诸多讲究，陆羽在《茶经》中就指出："其水，用山水上，江水中，井水下"。

山泉水

山泉水大多出自岩石重叠的山峦。山上植被繁茂，从山岩断层细流汇集而成的山泉，富含二氧化碳和各种对人体有益的微量元素；而经过砂石过滤的泉水，水质清净晶莹，含氯、铁等化合物极少，用这种泉水泡茶，能使茶的色香味形得到最大限度发挥。

江水

《茶经》中有描述："其江水，取去人远者"。江、河、湖水属地表水，含杂质较多，混浊度较高，一般说来，沏茶难以取得较好的效果，但在远离人烟，又是植被生长繁茂之地，污染物较少，这样的江、河、湖水，仍不失为沏茶好水。

井水

井水属地下水，悬浮物含量少，透明度较高。但它又多为浅层地下水，特别是城市井水，易受周围环境污染，用来沏茶，有损茶味。所以，若能汲得活水井的水沏茶，同样也能泡得一杯好茶。《茶经》中说的"井取汲多者"，说的就是这个意思。

茶博士小课堂

雪水和雨水

古人认为，水的品质是"由上而下"，所以把雪水和天落水称之为"天泉"，尤其是雪水更为古人所推崇。白居易的"扫雪煎香茗"，辛弃疾的"细写茶经煮茶雪"，曹雪芹的"扫将新雪及时烹"，都是赞美用雪水沏茶的。至于雨水，一般说来只要空气不被污染，与江、河、湖水相比总是相对洁净，是沏茶的好水。

现代宜茶之水

生活在现代化的大都市中，即使知道用泉水泡好，也不能随手可得。因此矿泉水、纯净水以及家里的自来水就成了现代人泡茶的主要用水。

矿泉水

居家泡茶用水，矿泉水是不错的选择。使用矿泉水泡茶没有涩味，且茶味纯正鲜美。由于矿泉水中含有钙、镁、重碳酸根离子，与茶叶中的氨基酸发生一定的作用，会使茶色变深，这是正常现象，不会影响口味和口感，其所含对人体有益的矿物质不会改变。有条件的话也可以使用净水器，可除去矿泉水中的钙镁离子，泡茶的效果更好。

纯净水

纯净水酸碱度中性。用这种水泡茶，不仅因为净度好、透明度高，沏出的茶汤晶莹透澈，而且香气滋味纯正，无异杂味，鲜醇爽口。市面上纯净水品牌很多，大多数都宜泡茶。

自来水

自来水含有用来消毒的氯气等，在水管中滞留较久的，还含有较多的铁质。当水中的铁离子含量超过万分之五时，会使茶汤呈褐色，而氯化物与茶中的多酚类作用，又会使茶汤表面形成一层"锈油"，喝起来有苦涩味。

对付自来水中的异味，可将自来水放一晚上，等氯气自然发散，再用来煮，效果就大不一样了。或者在烧水时待水沸腾以后再多烧几分钟，也能使异味减小。

水温

茶要泡得好喝，水温是重要的因素。

且将新火试新茶

> 其沸，如鱼目，微有声，为一沸；缘边如涌泉连珠，为二沸；腾波鼓浪，为三沸。已上水老不可食也。
>
> ——《茶经》原文

在《茶经·五之煮》的篇章中，陆羽精心强调了煮茶用火、煮茶的火候、用水和水温等各个细节。其中煮茶的步骤包括烧水和煮茶两道工序，烧水为先。唐人煮茶时，是先将水在镀中烧开。那时候没有温度计，陆羽就把烧水过程中逐渐加热气泡的变化分成三沸。

水之三沸

陆羽在《茶经》论泡茶烧水有三沸，指的是水烧到开始出现有如鱼眼般的水珠，微微有声，为第一沸；继续烧，边缘出现如泉涌，连连成珠时，为第二沸；到了水面如波浪般的翻滚奔腾时，则为第三沸。一旦三沸已过，水就会过老而不适合煮茶了。

需要注意的是，陆羽所处的时代是唐朝，那个时期的茶叶是团茶不是散茶，因此都是以煮为主而不是现在的泡茶。

古人烧水的艺术

古人饮茶喜欢自己汲水、自己煮茶，在涉引、制作、煎煮、品饮过程中，使身心得以放松和满足。

就拿煎水来说，水煮到何种程度称作"汤候"。鉴别标准一是看水面沸泡的大小，二是听水沸时声音的大小。明代人张源总结出形、声、气三种方法来掌握火候。

◎ 形

就是观察煮水过程中的气泡，一开始气泡很小，称为"蟹眼"；继续加热，气泡变大一些了，称为"鱼眼"；再烧水就快开了，气泡一串一串的，称为"连珠"。这几种情况称为"萌汤"，大多数茶叶都根据茶叶的具体情况选择萌汤的某一个阶段来冲泡。再烧下去水就彻底翻江倒海地烧开了。

◎ 声

就是听烧水的声音，古人把水烧开过程中的声音也分4个阶段：初声、转声、振声、骤声，等到声音最大开始转小的时候，水就有点老了。

◎ 气

就是看水面蒸汽的形状，看见蒸汽缭绕杂乱的时候泡茶合适，等到蒸汽直冲的时候就烧过头了。

古人这些煎煮法，与今天的科学冲泡有异曲同工之妙。

科学煮水增茶香

到了现代，泡茶用水的温度对于茶性的发挥同样至关重要，不同的茶因为发酵程度的不同，需要泡茶的温度也就不同。

水温对泡茶的影响

水的温度不同，茶的色、香、味也不同，泡出的茶叶中的化学成分也就不同。温度过高，会破坏所含的营养成分，茶所具有的有益物质遭受破坏，茶汤的颜色不鲜明，味道也不醇厚；温度过低，不能使茶叶中的有效成分充分浸出，其滋味淡薄，茶汤色泽不美。

泡茶水温的控制

冲泡不同类型的茶需要不同的水温：

◎ **低温（70℃~80℃）**

适合西湖龙井、碧螺春等嫩叶、芽采摘的绿茶以及白茶、黄茶类。

◎ **中温（80℃~90℃）**

适合开面叶采摘的绿茶，如六安瓜片等，也适合采摘嫩叶发酵程度比较轻的乌龙茶，如白毫乌龙等。

◎ **高温（90℃~100℃）**

也就是要把水煮沸，适合大多数乌龙茶及所有黑茶。

水温与茶汤品质的关系

从口感上，茶性表现的差异：如果绿茶用太高温的水冲泡，茶汤应有的鲜活感觉会降低；铁观音、水仙等乌龙茶如果用太低温的水冲泡，则香气不扬，应有的阳刚风格表现不出来。

可溶物释出率与释出速度的差异：水温高，释出率与速度都会增高，反之则减少。这个因素影响了茶汤浓度的控制，也就是等量的茶、水比例，水温高，达到所需浓度的时间短；水温低，所需时间长。

苦涩味强弱的控制：水温高，苦涩味会加强；水温低，苦涩味会减弱。所以苦涩味太强的茶，可降低水温改善之。苦涩味太强的茶，除水温外，浸泡的时间也要缩短；为达所需的浓度，前者就必须增加茶量，或延长时间，后者就必须增加茶量。

影响水温的因素

沏茶水温还受到下列一些因素的影响：

◎ 温壶与否

置茶入壶前是否温壶，会影响泡茶的水温。热水倒入未加温过的壶，水温将降低约5℃。所以如果不温壶，水温必须提高些或延长浸泡的时间。

◎ 温润泡与否

所谓温润泡就是第一次冲水后马上倒掉，然后再冲泡第一道，这时茶叶吸收了热度与温度，再次冲泡时，可溶物释出的速度加快，所以实施了温润泡的第一道茶，浸泡时间要缩短。

◎ 茶叶是否冷藏过

冷藏或冷冻后的茶，若未放置至常温即进行冲泡，应根据茶叶温度斟量提高水温或延长浸泡时间。

科学使用随手泡

现代泡茶，用随手泡壶烧水非常普遍。一般随手泡基本上都有手动挡和自动挡两种，了解随手泡的温度变化，对我们掌握各种茶叶的冲泡水温有很大的作用：

冷水烧到自动挡灯灭，此时水温为90℃~93℃；

自动挡调到手动挡继续加温，到100℃时需要的时间为1~1.5分钟；

关闭开关，水温从100℃下降到95℃需要时间为1~1.5分钟，水温从95℃下降到90℃需要时间为2~2.5分钟，水温从90℃下降到80℃需要时间为6~7分钟；

80℃后调到自动挡，自动亮灯再开始烧水，也就是说自动挡的保温温度最低是75℃~80℃。

当然，上述的温度变化也不是一概而论的，随气候不同、随手泡的个性差别等，也有不同的差异和变化，还需要在冲泡的过程中靠经验、手感、水汽、响声等来综合判定水温。

泡茶方法的演变

凡炙茶，慎勿于风烬间炙，熛焰如钻，使炎凉不均。持以逼火，屡其翻正，候炮出培塿，状虾蟆背，然后去火五寸，卷而舒则本其始，又炙之。若火干者，以气熟止；日干者，以柔止。

——《茶经》原文

在历史发展的长河中，中国人的饮茶习惯逐步由混沌向文明演变。从远古时期的乱煮到现代精雕细琢、千姿百态的饮茶方法，既是一个不断完善的过程，也是茶文化的发展过程。

唐以前的乱煮

在陆羽之前，茶的喝法跟现在很不同，是用新鲜茶叶和米浆做成茶饼，再用茶饼煮出来的。在煮茶的时候，还要加上各种调料，比如葱、姜、陈皮、红枣、茱萸之类，熬成茶羹饮用。这个时期，煮茶的方法比较粗糙，原始的茶味也容易被其他材料掩盖，没有任何技巧可言。

唐代的煎茶法

初唐时人们煮茶还是喜欢往茶汤里添加如盐、葱、姜之类的调味料，直到中唐时，陆羽给茶带来了新的品饮方法。陆羽提倡的煎茶法是先将茶饼炙烤，晾凉后用茶碾把茶饼碾碎成茶末，用茶筛把茶末过滤后，投放到滚水里煮。由于陆羽的推动，饮茶由最初的风行各大寺庙渐渐开始在文人间流行。诗人白居易曾有诗云："坐酌泠泠水，看煎瑟瑟尘。无由持一碗，寄与爱茶人。"可见当时茶已经不只是单纯的饮品，而变成了文人们诗意和浪漫的寄托。

宋代的点茶法

在宋代，又有一种新的饮茶方法被发明出来——点茶。点茶是先将饼茶碾成细细的粉末，再用沸水冲。为了使茶末与水融为一体，需用茶筅快速搅拌击打茶汤，这时水乳交融，泡沫浮于汤面，皤皤然如堆云积雪。宋人把饮茶方式上升到了审美的高度，到达了极致。现在日本的抹茶文化就是从点茶中承袭而来。

明代的泡茶法

从明代开始，制茶法和饮茶法一再简化。明太祖朱元璋在位期间，为消除当时社会上关于茶的奢靡之风，下令进行茶制改革。之前进贡得用团饼茶，现在直接用干制的散茶就可以；之前饮茶的那些繁琐程序都可以不要，只要茶的自然本味就可以。

明朝人认为泡饮这种喝茶方法"简便异常，天趣悉备，可谓尽茶之真味矣"。泡茶法不像煎茶、点茶那样严格，人们可以根据自己的喜好选择茶叶，再搭配合适的茶壶。泡茶过程中也不加任何调味料，崇尚清饮，喝的是茶的原味、真味，这种茶叶的冲泡方法也一直延续到了今天。

茶博士小课堂

清代已经有六大茶类

由于茶叶制作技术的发展，清代基本形成现今的六大茶类，除最初的绿茶之外，还出现了白茶、黄茶、红茶、黑茶、乌龙茶。茶类的增多，泡茶技艺有别，又加上中国地域和民族的差异，使茶文化的表现形式更加丰富多彩。

七大类茶的冲泡方法

从陆羽时代的煎茶，到宋代点茶，再到如今主流的泡茶法，虽然泡茶方式改变了，可我们对喝茶的多种感官享受，执着如初。

玻璃杯泡茶法

玻璃杯冲泡茶叶，茶叶的形态尽收眼底，能在喝茶的同时饱享眼福。而且玻璃杯取用方便，可随时随地泡茶饮用，达到眼福与口福的双重享受。

◎ **适用茶类**

细嫩绿茶、黄茶、白茶、花茶及调混茶类。

◎ **特点及优势**

玻璃杯与其他茶杯最大的不同就是其透明性，可以全方位观察茶叶的浸泡和舒展过程。玻璃杯适合泡饮的是名贵绿茶，比如西湖龙井、碧螺春等茶叶有特色的茶品，观察茶叶在水中缓缓舒展、游动、变幻，人们称其为茶舞。混调红茶和花茶也是如此，用玻璃杯可以更好地看清其"色"，这些都是其他不透明茶杯不具备的。

◎ **注意事项**

玻璃的耐热性能不佳，所以不宜直接用开水冲泡，所以事先往杯内倒少许热水，轻摇后倒掉，即起到清洁，又起到温杯的作用。然后放入茶叶后缓缓加水，用玻璃杯泡茶，不宜一次饮尽，水剩约1/3的时候即可添水。

茶博士小课堂

上投法、中投法和下投法

上投法

将80℃左右的热水倒入玻璃杯中，倒7成满，将茶叶撒入杯中，稍后等茶叶泡开即可饮用。

中投法

将80℃左右的热水倒进茶杯，倒3成满，将茶叶撒入约15秒左右，再将水倒至7成满，等茶叶泡开即可饮用。

下投法

先投茶，然后把热水倒入7成满，等茶泡开即可。下投法适合条索舒展的绿茶。

盖碗泡茶法

盖碗最能表现出茶汤本色，很多人喜欢用盖碗泡茶。盖碗泡茶法简便、易学、实用，且颇显风雅。

◎ 适用茶类

各种绿茶、乌龙茶、花茶。因为盖碗一般都较浅，所以不适合冲泡细碎的茶叶。

◎ 特点及优势

盖碗一般是瓷制或紫砂材质，所以盖碗的作用和紫砂壶相似。从形制上来看，用盖碗泡茶非常科学：茶盖既可凝聚茶香，又具有很好的保温作用；茶碗上大下小，方便注水，易让茶叶沉淀于底，注水时茶叶在水中上下翻滚，易于泡出茶汁；底部的茶托防止烫手，也能保证茶汤不倾洒出，使得饮茶更为优雅。

◎ 注意事项

使用盖碗泡茶，主要是要注意茶叶的投置量。不过现在市场有售"五克"量、"七克"量、"十克"量等不同容量的盖碗，很容易就能根据自己所买的盖碗来决定投茶量。

品饮之前用杯盖轻刮汤面，拂去茶叶。

品饮盖碗茶的时候，女士用双手，左手持杯托，品饮时右手让杯盖后延翘起，从缝隙中品茶。

男士品饮盖碗茶时则用一只手，不用杯托，直接用拇指和中指握住碗沿，食指按碗盖让后延翘起，品饮。

壶泡法

紫砂壶保温性能好，透气度高，用紫砂壶泡茶能充分显示茶叶的香气和滋味，常用来冲泡乌龙茶、普洱茶等。

◎ **适用茶类**

乌龙茶、普洱茶，以及除碎茶以外的各种茶类。

◎ **特点及优势**

用紫砂壶泡茶是比较正式的一种招待客人的方式，适合较多人一起饮用，也适合两人久坐消磨时间，是目前人们使用最多的一种饮茶方式。

◎ **注意事项**

壶泡法操作相对复杂，讲究较多，比如应根据所泡的茶和饮茶人数选配茶具。泡茶前应先温烫茶具，泡茶过程中应非常注意各个环节的细节，宾主应各守礼节。

同心杯泡茶法

因为壶泡法饮起来太费工夫，很多场合不便进行。使用同心杯泡茶就方便多了。同心杯泡法尤其适合办公室使用。

◎ **适用茶类**

各种茶类。

◎ **特点及优势**

同心杯一般为塑料制或瓷塑，特点是茶杯里面有一个滤心，泡茶的时候把茶叶放在滤心里，一方面可以防止茶叶四散入口，另一方面也能很方便地调节茶汤的浓度，以适应不同需要的人。

◎ **注意事项**

取出滤心，放在倒置的茶盖上，放入适量茶叶，放回滤心，加热水漫过茶叶，根据需要，等茶汤到了合适的浓度，取出滤心，放在杯盖上，一杯清香甘润的热茶就泡好了。

上篇 茶经，泡茶品饮的指南书

茶经中的茶具

陆羽所说的"茶之九难"的第三难是器，也就是我们通常所说的茶具。最早的时候，茶具没有从餐食、酒具中分离。"茶具"一词最早出现在两千多年前的西汉时期，有学者认为西汉王褒《潼约》里记录的"烹茶器具"是中国最早提及茶具的史料。而茶具"自立门户"，从其他器具中分离出来，第一次被完整整理记录下名称，细化其用途，就是在陆羽的《茶经》中。

对陆羽来说，这些器具是为了能方便地煮出一碗好茶，并且优雅地品饮这碗好茶专门选择的器物。为此，陆羽也精心设计了适于烹茶、品饮的二十四器。古人饮茶的仪式，程序繁多而形式庄重，一杯茶，历经一道道工序到了这里，让我们静下心来，细细品味茶给人带来的意境。

风炉
为生火煮茶之用，以中国道家五行思想与儒家为国励志精神而设计，以锻铁铸之，或烧制泥炉代用。其具体设计思想见后章茶道部分。

碾、拂末
前者碾茶，后者将茶拂清。

火夹
用以夹炭入炉。

筥
以竹丝编织，方形，用以采茶。不仅要方便，而且编制美观，这是由于古人常自采自制自食茶叶而特意设置。

罗合
罗是筛茶的，合是贮茶的。

则
有如现在的汤匙形，量茶之多少。

炭挝
六棱铁器，长一尺，用以碎炭。

交床
以木制，用以置放茶釜。

水方
用以贮生水。

漉水囊
用以过滤煮茶之水，有铜制、木制、竹制。

釜
用以煮水烹茶，似今日本茶釜。多以铁为之，唐代亦有瓷釜、石釜，富家有银釜。

纸囊
茶炙热后储存其中，不使泄其香。

现代茶艺用具及规范摆放示意图

茶盘置于茶桌上，规则茶桌则置于靠近泡茶者的正中心位置，品茶者坐于对面，然后是两侧。不规则的茶桌茶盘只需正对泡茶者即可。

茶杯在靠近客人的一侧呈一字或呈品字排开。

茶玩可根据个人喜好随意摆放，一般放在右侧。

茶道六用放在茶盘右侧桌面上。

茶罐放于茶盘左侧靠前的位置。

过滤网

闻香杯摆放在茶盘中靠左位置。

茶壶（或盖碗）在茶盘中靠右的位置。

煮水器，放于泡茶者右手的位置，注意壶嘴不要对着客人。

茶荷放于茶盘左侧靠近泡茶者的位置。

茶巾叠好，放于冲泡者与茶盘之间。

公道杯在茶盘左侧中间的位置。

从风炉到煮水器、茶壶

风炉

风炉，以铜铁铸之，如古鼎形，厚三分，缘阔九分，令六分虚中，致其圬墁，凡三足。

——《茶经》原文

风炉，是陆羽给他设计的煎茶器具所起的名称，并把它作为"二十四器"中的"重器"，亲自设计，重视程度可见一斑。风炉的名目，为茶道确立之始。

◎ 两耳三足鼎

陆羽设计的风炉，两耳三足，造型与古代的鼎十分相似，三只炉脚上分别铸有 21 个古字，分别是："坎上巽下离于中""体均五行去百疾"与"圣唐灭胡明年铸"。"坎上巽下离于中"：按照八卦的卦义，巽主风，离主火，坎主水，"坎上，离下"是煮茶用水在上面，风从炉下吹过，火在其间燃烧。

"体均五行去百疾"：意思为五脏调和、百病不生。这提到了中国传统中五行（金、木、水、火、土）的观念。茶，一开始是作为药被人们发现利用的，这里延续这个传统说"去百疾"，而且结合了中医的整体观念，

让人"体均五行"，人自己的身体统一和谐，人与自然统一和谐，就能够"去百疾"。

"圣唐灭胡明年铸"：说明了风炉的铸造时间，一般认为这指平定安史之乱后的第二年，即公元 764 年。

◎ 文人眼中的煎茶雅器

《茶经》之后，唐代文人在诗文中谈到风炉，以它为煎茶雅器的大有人在，比如岑参的诗"暂诣高僧话，来寻野寺孤。岸花藏水碓，溪竹映风炉"。与陆羽大致同时的奂陵拥有比较高档的成套茶具，举行茶会时还专门炫耀了一把风炉。

唐代诗人皮日休特意写了一首咏风炉的诗《茶中杂咏·茶鼎》："龙舒有良匠，铸此佳样成。立作菌蠢势，煎为潺湲声。草堂暮云阴，松窗残雪明。此时勺复茗，野语知逾清。"意思是，茶鼎以安徽舒城县的匠人制作的最好，样式很美观。摆在那里像灵芝的样子，用它煎茶时会听到潺湲的声音。人们在暮色下或下雪天，拥炉而坐，饮茶清谈，是很惬意的。

煮水器

　　陆羽所在的唐代，喝茶都是用烹煮的方式，所以用来煮茶的风炉及其附属茶具十分重要，做工也很精细。而现代我们泡茶，已经采用冲泡的方式了，所以风炉逐渐演化成现代具有加热和保温功能的煮水器了。

　　现代的煮水器比起古代的风炉要方便得多，操作简单、方便并且煮水快，喝茶人可随喝随泡。因此，茶人们也给现代煮水器起了个亲切的名字"随手泡"。

◎ **功用**

　　常用的煮水用具，可随时加热开水，以保证茶汤滋味。

◎ **种类**

　　泡茶的煮水器在古代用风炉，在现代，壶有不锈钢、铁、陶、耐高温的玻璃等质地，热源则有电热炉、电磁炉、酒精加热炉、炭炉等。

◎ **选择**

　　一般来说，用不锈钢壶搭配电热炉和电磁炉最为常见，用酒精和玻璃壶或陶壶搭配，陶壶和铁壶可与炭炉搭配。

◎ **使用**

　　1.新壶，尤其是陶壶和铁壶买回后，应加水煮开，最好在水中放些茶叶，以除去新壶中的土味及异味。

　　2.铁壶还可以和电磁炉搭配使用。

茶壶

如果说，是水的灵性唤醒了茶的天然禀赋，那么一杯好茶汤的孕育，离不开一把好壶的酝酿。茶壶是现代主要的泡茶容器，称它为茶具之王，一点也不为过。

紫砂壶

◎ 功用

茶壶是茶具的一个重要组成部分，主要用来泡茶，也有直接用小茶壶来泡茶和盛茶、独自酌饮的。

◎ 种类

茶壶的种类有陶壶、瓷壶、玻璃壶、石壶及铁壶等。其中紫砂壶最受欢迎，能完美保留茶的色香味，多用于冲泡乌龙茶；瓷壶多用于简单一点的待客，适用于所有茶类；玻璃壶透明，最宜花茶。壶的容量一般没有明确的限制，通常情况下，紫砂壶的容量较小，适宜功夫茶的细品；另外几种容量较大，适宜日常待客。

青瓷壶

青花瓷壶

◎ 选择

茶壶最讲究的是："三山齐"。这是品评壶的好坏最重要的标准。方法是把茶壶去盖后覆置在桌子上，如果壶滴嘴、壶口、壶提柄三件都平，就是"三山齐"了。

玻璃壶

壶滴嘴　　　　壶口　　　　壶提柄

跟着茶经学泡茶

◎ 使用

1. 无论选择哪种茶壶，都要注意选用大小、重量合手的茶具。

2. **单手持壶动作：**拇指和中指捏住壶柄，向上用力提壶，食指轻搭在壶盖上，不要按住气孔，无名指向前抵住壶柄，小指收好。

双手持壶动作：即一手的中指抵住壶纽，另一手的拇指、食指、中指，握住壶柄，双手配合。对于新手来说，可采用这种方法。

◎ **注意事项**

1. 无论哪种持壶方式都要注意，不要按住壶纽顶上的气孔。

2. 在泡茶过程中，壶的出水嘴不要直接对着客人。

从茶碗到茶杯、盖碗、公道杯

茶碗

唐代喝茶是用煮茶的方式，茶汤在锅里已经完全煮好了，所以饮茶的器具用得最多的是茶碗。对于茶碗材质的选择也是十分考究的。

◎ "邢不如越"

陆羽在《茶经》中将南方越窑与北方邢窑做了一个对比，陆羽用了三个对比说出"邢不如越"的原因，前两个对比并无实质性内容，重点在第三条，就是看作为茶盏时，茶汤颜色的好看与否：越窑衬托出来的茶汤是绿色的，而邢窑盛放茶水则呈现出红色。站在南方人喝茶的角度来看，陆羽更偏爱越窑。

◎ 南青北白

纵观中国陶瓷史，唐朝瓷器的概况可用"南青北白"一言以蔽之，并以此引领后世中国瓷器的基本风貌。陆羽所提到的越窑，就是其中的"南青"，指的是南方浙江的越窑青瓷。越窑青瓷代表了当时青瓷的最高水平，以瓷质细腻，线条明快流畅、造型端庄浑朴著称于世。唐代诗人陆龟蒙曾以"九秋风露越窑开，夺得千峰翠色来"的名句赞美青瓷。

而"北白"，指的是北方河北的邢窑白瓷，是以内丘城为中心发展起来的，在唐代，邢窑的白瓷器具已"天下无贵贱通用之"。

诗歌中有很多关于"南青北白"的描写，唐代诗人皮日休曾在他的诗《茶瓯》中写道："邢人与越人，皆能造瓷器。圆似月魂堕，轻如云魄起"，可见一斑。所以邢瓷和越瓷这两大类瓷器，是中国陶瓷史上两朵奇葩，没有高下，每个品种的审美趣味和境界都非常高，堪称并驾齐驱。

青瓷

白瓷

跟着茶经学泡茶

◎ 一茶一盏总相宜

除了对茶的要求甚高，陆羽对茶碗的质地要求也很高，他认为必须与茶汤的颜色相匹配才行。"越州瓷、岳瓷皆青，青则益茶。茶作白红之色，邢州瓷白，茶色红；寿州瓷黄，茶色紫；洪州瓷褐，茶色黑；悉不宜茶。"

即使在现代泡茶，不同的茶类，对茶具的要求也各不相同。不同种类的茶配上特别的茶具，才能酝酿出其品质特色，领略到其独有的风韵。通俗点说，就是合适的器具可以让你的茶各归各位。

比如绿茶，可用瓷器茶杯或玻璃杯冲泡。茉莉花茶，可采用盖碗茶的形式冲泡饮用。高档红茶，可放到装饰艳丽的茶具中冲泡。红碎茶，宜用高玻璃杯冲泡，使红艳的茶汤更加诱人；也可以用茶壶冲泡后，用咖啡杯饮用；饮用时可随意加糖或奶，类似饮用咖啡，别有一番"洋"味。乌龙茶，宜用紫砂茶具冲泡后，用小茶杯饮用；也可选用暖色瓷茶具冲泡，以沸水冲泡后加盖，可保留浓郁的茶香。

茶博士小课堂

各类茶适宜选配的茶具

绿茶：透明玻璃杯、白瓷、青瓷、青花瓷茶具。

黑茶：白瓷、青瓷、青花瓷茶具。

黄茶：奶白或黄釉瓷及黄橙色茶具。

红茶：白瓷、红釉瓷、暖色瓷的茶具或咖啡壶具。

白茶：白瓷及内壁有色黑瓷茶具。

乌龙茶：紫砂茶具、白瓷茶具。

花茶：青瓷、青花茶具。

瓷杯

紫砂杯

陶杯

玻璃杯

茶杯

如果要给茶具分先后、排名次，除了茶壶，就该轮到茶杯了。它不仅是不可或缺的茶具之一，更赋予了品茗时的美感与趣味。用大杯喝茶，过瘾；用小杯品饮，杯底茶香留存，沁鼻入心。

◎ **功用**

茶杯也叫品茗杯，是盛茶水的用具，用来品饮茶汤。

◎ **种类**

茶杯有瓷、陶、紫砂、玻璃等质地，款式有斗笠形、半圆形、碗形等，其中碗形的最为常见。

瓷质茶杯中，以江西景德镇瓷茶具泡茶最好。景德镇是我国著名的瓷器之乡，所产的各种茶具，具有"白如玉、薄如纸、明如镜、声如磬"的特点，因而为世界所称誉。景德镇瓷茶具，花色品种较多，有技艺高超、制作精细、造型秀丽的高级茶具，也有造型一般、美观大方的大众化茶具，用它冲泡出来的茶汤，有香高、汤清、味醇的特点，别有一番风味。

◎ **选择**

喝不同的茶用不同的茶杯。比如为便于欣赏普洱茶茶汤颜色，最好选用杯子内面是白色或浅色的品茗杯。根据茶壶的形状、色泽，选择适当的茶杯，搭配起来也颇具美感。

◎ **使用**

1. 品茶时，用拇指和食指捏住杯身，中指托杯底，无名指和小指收好，持杯品茶。

2. 有的品茗杯是杯和杯托搭配使用，有的只有一个单杯。

3. 外翻形的杯口比直桶形的杯口容易拿取，而且不烫手。

盖 ——

碗 ——

托 ——

盖碗

盖碗包括盖、碗、托三部分，象征天、地、人，是中国文化天人合一的精髓展示。将茶拨入盖碗喻意三才合一，共同化育出茶的精华。

◎ **功用**

用来冲泡茶叶。盖，拂茶，聚茶香；碗，泡茶，显茶汤；托，防烫，奉客茶。古有"天人地"的说法，图好兆头，寓意深远。

◎ **种类**

盖碗有瓷、紫砂、玻璃等质地，其中以各种花色的瓷盖碗最为常见。

◎ **选择**

选择盖碗时应注意盖碗杯口的外翻，外翻弧度越大越容易拿取，冲泡时不易烫手。一般泡茶用瓷盖碗比较多，冲泡花茶的时候可用玻璃盖碗。

◎ **使用**

1. 温盖碗：左手持杯身中下部，右手按住杯盖，逆时针方向将杯旋转一周。再掀开杯盖，让温杯的水顺着杯盖流入水盂或茶盘，同时右手转动杯盖温烫。

2. 用盖碗品茶时，杯盖、杯身、杯托三者不能分开使用，否则既不礼貌也不美观。

3. 饮用时，先用盖撩拨漂浮在茶汤中的茶叶，再饮用。

公道杯

也称茶海、茶盅。用公道杯分茶，每只茶杯分到的茶水一样多，以示一视同仁。

◎ **功用**

用来盛放茶汤，再分倒入各品茗杯中，使茶汤浓度相若，滋味一致，并起到沉淀茶渣的作用。

青花公道杯

◎ **种类**

常用的公道杯有瓷、紫砂、玻璃质地，其中瓷、玻璃质地的公道杯最为常用。公道杯有的有柄，有些则没有，还有带过滤网的公道杯，但大多数的公道杯都不带过滤网。

玻璃公道杯

◎ **选择**

公道杯容量大小应与茶壶或盖碗相配，一般来说，公道杯应该稍大于壶和盖碗。

◎ **使用**

泡茶时，为了避免茶叶长时间浸在水里，致使茶汤太苦太浓，应将泡好的茶汤马上倒入公道杯内，随时分饮，从而保证正常的冲泡次数中所冲泡的茶汤滋味大体一致。

青瓷公道杯

古今通用的茶巾

唐代的粗绸茶巾

巾：巾，以絁为之，长二尺，作二枚，互用之以洁诸器。

——《茶经》原文

茶巾，就是用来清洁茶具的毛巾，古今的用途完全一样，仅是材质上的差别。陆羽使用的是粗绸制作的茶巾，而现代茶巾多为棉麻混纺的。在爱茶人或者茶艺师手里，茶巾已不仅是一种道具了，每一次的揩抹，都像是习惯性的对茶具的抚摩和爱护，而不只是为了洁净。

◎ **功用**

泡茶过程中的清洁用具。用来擦拭泡茶过程中茶具上的水渍、茶渍，尤其是茶壶、品杯等的侧部、底部的水渍和茶渍。

◎ **种类**

主要有棉、麻布等质地。泡茶时手边随时使用的方巾，一般不超过手帕大小，质地多是针织全棉，吸水性强。

◎ **使用**

1. 置于茶盘与泡茶者之间的案上。

2. 折叠茶巾的方法一：首先将茶巾等分三段，先后向内对折；再等分三段重复以上过程。

方法二：将茶巾等分四段分别向内对折；再等分四段，重复以上过程。茶巾有缝隙的一面朝向冲泡者位置。

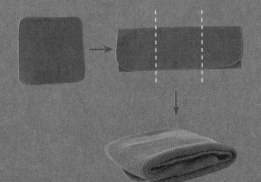

3. 茶巾只能擦拭茶具，而且是擦拭茶具饮茶、出茶汤以外的部位，不能用来清理泡茶桌上的水、污渍、果皮等物。

从具列、都篮到茶盘

具列

具列，或作床，或作架，或纯木纯竹而制之。或木或竹，黄黑可扃而漆者。长三尺，阔二尺，高六寸。具列者，悉敛诸器物，悉以陈列也。

——《茶经》原文

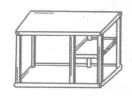

具列的主要作用是陈列架：可以制作成床的形状，也可以制成架子。有的用纯木制作，有的用纯竹制作。木制的和竹制的架子，颜色黑黄，有可关锁的门，都漆上了油漆。每个长三尺、宽二尺、高六寸。可以把各种器具全都存放在里面。

可以想象，陆羽以茶会友的时候，会先把自己一整套心爱的茶具全部摆在具列上，一边取用，一边向朋友介绍，这个是某某名窑出的茶碗，这个是名家雕刻的，这个是我在乡野间喝茶妙手偶得留下的。在浓浓的茶香和朋友的欢声笑语中留下了美好时光。

都篮

都篮，以悉设诸器而名之。以竹篾内作三角方眼，外以双篾阔者经之，以单篾纤者缚之，递压双经作方眼，使玲珑。高一尺五寸，底阔一尺，高二寸，长二尺四寸，阔二尺。

——《茶经》原文

都篮可以存放各种器具，"都"字，有"所有""全部"之意，都篮能将茶事中所需器物统统装起来。用竹篾制作而成，里面编织成三角形方眼，外面有较宽的双层竹篾制成经线，再用较窄的单层竹篾绑缚，单篾依次压住双篾经线，并编成方形孔眼使它看起来精巧细致，玲珑美观。

具列和都篮都是用来摆放茶具的，这一点和我们现在茶盘有些类似，但又不尽相同，具列的展示性更强一些，而都篮的收纳性更强一些，更像我们现在的旅行茶包。

茶盘

在现代茶具的世界里，除了茶壶、茶杯之外，最普及也最有代表性的茶艺用具大概就是茶盘了。

◎ **功用**

茶盘就是放置茶壶、茶杯、茶道组、茶宠乃至茶食的浅底器皿，盛接泡茶过程中流出或倒掉之茶水。

◎ **种类**

茶盘式样可大可小，形状可方可圆或作扇形；可以是单层也可以是夹层，夹层用以盛废水，可以是抽屉式的，也可以是嵌入式的；单层以一根塑料管连接，排出盘面废水，但茶桌下仍需要一桶相承。

◎ **选择**

茶盘选材广泛，金、木、竹、陶皆可取。以金属茶盘最为简便耐用，以竹制茶盘最为清雅相宜。此外还有檀木的茶盘，例如绿檀、黑檀茶盘等。

◎ **使用**

1. 单层茶盘使用时，需在茶盘下角的金属管上，连接一根塑料管，塑料管的另一端则放在废茶桶里，排出盘面废水。

2. 夹层茶盘也叫双层茶盘，上层有带孔、格的排水结构，下层有贮水器，泡茶的废水存放至此。但因为茶盘的容积有限，使用时要及时清理，以免废水溢出。

3. 端茶盘时一定要将盘上的壶、杯、公道杯拿下，以免失手打破放在上面的心爱茶具。

4. 木质、竹制的茶盘使用完毕后不要直接用水洗，用干布擦拭即可。

从简单的纸包茶叶到各式各样的茶叶容器

唐代的纸包茶

> 纸囊，以剡藤纸白厚者夹缝之，以贮所炙茶，使不泄其香也。
>
> ——《茶经》原文

再好的茶叶，如果保存方法不当，也会很快变味，因此爱茶之人，必知藏茶之道。唐代茶叶绝大多数属于全发酵茶，有点类似于我们现在喝的红茶和普洱茶，因为完全发酵，茶味比较浓烈，而且不容易发散，所以陆羽选择用比较厚的纸做成袋子来盛放茶叶，防止茶叶的香气外泄。

现代各式各样的存茶方式

如今科技改变生活，心尖上的茶，终于有了五花八门的保存方法来"保鲜"。

◎ **真空包装**

真空包装的好处是可以长期存放茶叶，而且一些较名贵的茶叶可以采取小包装，随泡随喝。缺点是一旦打开，就要尽快喝掉或者另外储存。

◎ **纸制包装**

现在纸制包装多用于紧压茶，茶砖、茶饼多为全发酵茶，本身就耐储存，用纸包装主要作用就是为了防止灰尘污染。

◎ **冰箱藏茶**

很多人喜欢把茶叶放进冰箱储存，这确实是一个好方法。但是一定要注意要把茶叶密封好，别让自己的宝贝茶叶变成了冰箱的"除臭剂"。

茶博士小课堂

唐代贵族的存茶法

在唐代，贵族们为了给茶保鲜，防止其香气流失，甚至会选用上好的丝绸来存茶。明代王象晋在《群芳谱》中，把茶的保鲜和贮藏归纳成三句话："喜温燥而恶冷湿，喜清凉而恶蒸郁，宜清独而忌香臭"。

跟着茶经学泡茶

茶叶罐

在现代，发酵程度越轻的茶，茶香越容易散失，对盛放茶叶器具的要求就越高。无论多名贵的茶叶，一旦跑味，身价就一落千丈。因此对经常喝茶的人来说，茶罐就显得至关重要了。

锡罐　　　　　　　瓷罐　　　　　　　纸罐　　　　　　　搪瓷罐

◎ **功用**

用来存放茶叶的容器。

◎ **种类**

茶罐的质地与形式多种多样，常见的有陶罐、瓷罐、铁罐、纸罐、塑料罐、搪瓷罐以及锡罐。

◎ **选择**

可根据不同的茶叶选择不同材质的茶罐，比如存放铁观音或茉莉花茶等香味重的茶宜选用锡罐、瓷罐等不吸味的茶罐，而存放普洱则最好选用透气性好的纸、陶等质地的茶罐。

◎ **使用**

1. 购买多种茶类时，应该分别用不同的茶叶罐装置。可在茶罐上贴张纸条，上面写明茶名、购买日期等，这样方便使用。

2. 不要将茶罐放于厨房或潮湿的地方，不要放在阳光直射、有异味、潮湿、有热源的地方，也不要和衣物等放在一起，最好是放在阴暗干爽的地方。

3. 新买的罐子，或原先存放过其他物品留有气味的罐子，可先用少许茶末置于罐内，盖上盖子，上下左右摇晃轻擦罐壁后倒弃，以去除异味。

从夹、则到茶道六用

唐代的茶夹和茶则

◎ 夹

> 夹：夹以小青竹为之，长一尺二寸，令一寸有节，节已上剖之，以炙茶也。彼竹之筱津润于火，假其香洁以益茶味，恐非林谷间莫之致。或用精铁熟铜之类，取其久也。
>
> ——《茶经》原文

唐代的茶夹，是找一块带着竹节的细竹子，竹节以上的部分劈开就成了一个夹子，用来把茶饼夹起来放在火上烤松软。

现在的茶夹则主要在温具的时候用到，用来夹起茶杯倒水，显得卫生且不容易烫到手。

罗、合

> 罗、合：罗末以合盖贮之，以则置合中，用巨竹剖而屈之，以纱绢衣之，其合以竹节为之，或屈杉以漆之。高三寸，盖一寸，底二寸，口径四寸。
>
> ——《茶经》原文

唐人煮茶是不直接煮茶叶的，而是先将茶饼夹起来将茶叶烤软，然后用碾子碾碎，用笪箩筛一下，这个筛子或者笪箩就是罗。

筛后煮水喝的是茶末，把这些茶末收集起来装到盒子里，就是合。同时量取茶叶的茶则也是放在盒子里的，所以合的功能既像现在放茶则的茶筒，又像盛放茶叶的茶罐。如果仔细深究，还是跟茶叶罐的功能更类似。

茶则

> 则：则以海贝、蛎、蛤之属，或以铜铁、竹匕、策之类。则者，量也，准也，度也。凡煮水一升，用末方寸匕。若好薄者减之，嗜浓者增之，故云则也。
>
> ——《茶经》原文

唐代的茶则和我们现在用的茶则功能完全一样，就是盛取茶叶的器具。不过我们现在用的茶则多是竹子做的，而当时的茶则是用扇贝或者牡蛎壳做的，然后再加一个金属或者竹木制作的柄。

茶道六用

　　也称茶道六君子，以茶筒归拢的茶夹、茶漏、茶匙、茶则、茶针六件泡茶工具的合称。茶道六用是泡茶时的辅助用具，为整个泡茶过程雅观、讲究提供方便。

◎ 功用

茶则
从茶罐中量取干茶。

茶夹
温杯以及需要给别人取茶杯时夹取品杯。

茶匙
从茶则或茶罐中拨取茶叶。

茶漏
放茶叶时放置于壶口，扩大壶口面积，防止茶叶外溅。

茶针
用来疏通壶嘴的堵塞物。

茶筒
盛放茶夹、茶漏、茶匙、茶则、茶针。

◎ 种类

　　通常以竹、木等制作。茶筒造型有直筒形、方形、瓶形等样式。

◎ 选择

　　选择茶道六用时可凭个人喜好，瓶形的茶筒雅致、方形的古朴大方，最好能和其他茶具相映成趣，也增添了泡茶时的雅趣。

◎ 使用

　　取放茶道六用时，不可手持或触摸到用具接触茶的部位。

从滓方到水盂、废水桶

滓方

滓方：滓方以集诸滓，制如涤方，处五升。

——《茶经》原文

滓方用来储存喝过的茶滓。制作方法和"涤方"相同，能盛放五升茶滓。滓方的功用和现在的水盂、废水桶完全一样。

水盂

◎ 功用

又名茶盂，废水盂。用来贮放泡茶过程中的废水、茶渣。功用相当于废水桶、茶盘。

◎ 种类

水盂有瓷、陶等质地。

◎ 使用

1.如果没有茶盘和废水桶，使用水盂来承接废水和茶渣，简单又方便。

2.水盂容积小，因此使用时要及时清理废水。

废水桶

◎ 功用

泡茶过程中，用一根塑料导管把水从茶盘里导出，用来贮放废水、茶渣的器具。

◎ 种类

有竹、木、塑料、不锈钢等材质。

◎ 使用

废水桶的上层是带孔的"筛漏"，用来隔离茶渣。"筛漏"层还有一圆柱形管口，可以连接导管，使废水流入桶里。要注意清理废水桶里的废水，以免遗留茶渍。

从札到养壶笔

札

札，缉栟榈皮以茱萸木夹而缚之，或截竹束而管之，若巨笔形。

——《茶经》原文

　　札，用茱萸木夹上棕榈皮，捆紧。或用一段竹子，扎上棕榈纤维，像大毛笔的样子（作刷子用）。我国北方农村很多地区还会用高粱、芦苇的末端扎成刷子，看起来像个笔杆不长的大毛笔，用来刷锅。陆羽说的扎就是类似的东西，和现代茶具中的养壶笔比较相似。

养壶笔

◎ 功用

　　养壶笔是非常有趣的一件器具，这种用动物毛制成的貌似毛笔一样的笔，却是用来清洗茶壶的，非常精妙。

◎ 种类

　　养壶笔的笔杆多用牛角、木、竹等材质制成。最常见的为木质养壶笔。

◎ 选择

　　养壶笔不能有异味，笔头的毛必须紧固，否则容易脱落。

◎ 使用

　　1. 用养壶笔将茶汤均匀地刷在壶的外壁，对壶身全方位刷洗和保养。

　　2. 泡茶的同时蘸茶水或清水反复刷壶，以达到壶身快速光亮的效果。

从札到杯垫、壶承、盖置

畚

畚,用白蒲草编成,可放十只碗。也有的用竹筥。纸帕,用两层剡纸,裁成方形,也是十张。说白了就是一些草做的杯垫,现在除了杯垫以外,还有壶承、盖置有类似的功能。

杯垫

◎ **功用**

又名杯托,用来放置茶杯、闻香杯,以防杯里或底部的水溅湿桌子。还可以预防杯具磨损。

◎ **种类**

杯垫种类很多,主要有瓷、紫砂、陶等质地,也有木、竹等质地。

竹杯垫　　　　瓷杯垫

◎ **选择**

杯垫可与品茗杯配套使用,也可随意搭配。

◎ **使用**

使用后的杯垫要及时清洗,如果使用木制或者竹制的杯垫,还应通风晾干。

壶承

盖置

壶承

◎ 功用

又名壶托，专门放置茶壶的器具。可以承接壶里溅出的沸水，让茶桌保持干净。

◎ 种类

壶承有紫砂、陶、瓷等材质，与相同材质的壶配套使用，也可随意组合。壶承有单层和双层两种，多数为圆形，或增加了一些装饰变化的圆形。

◎ 使用

将紫砂壶放在壶承上时，最好在壶承的上面放个布垫子，彼此不会磨坏。

盖置

◎ 功用

又名盖托，是用来放置壶盖的器具。可以避免壶盖直接与茶桌接触，减少壶盖磨损。

◎ 种类

盖置款式多种多样，有高些的紫砂木桩形、小莲花台、瓷制小盘等造型。

◎ 使用

盖置使用过后应立即洗净，否则容易留下明显的茶渍。

精致茶具助茶韵

不论古今，选择茶具的标准是，当你想喝茶的时候，看到茶具能增添你的兴致，把玩茶具能给你带来乐趣。

茶荷

茶艺表演中经常用来欣赏干茶，观赏性很高。

◎ **功用**

是盛放待泡干茶的器皿，供欣赏干茶并投入茶壶之用。茶荷的功用与茶则、茶漏类似，但茶荷更兼具赏茶功能。

◎ **种类**

有瓷质、竹质、木质以及石质等。形状多为有引口的半球形，既实用又可当艺术品，一举两得。

◎ **使用**

1. 标准拿茶荷姿势：拇指和其余四指分别捏住茶荷两侧部位，将茶荷放在虎口处，另外一手托住底部，请客人赏茶。

2. 拿取茶叶时，手不能与茶荷的缺口部位直接接触。

3. 泡茶时，茶荷应摆放在茶盘旁边的茶桌上，不可直接摆放在茶盘里面。

◎ **选择**

可将没有异味的小托碟或者小容器当茶荷使用。

过滤网

又名茶漏、滤网，别看它小，在泡茶中发挥的作用可一点也不小。

◎ **功用**

泡茶时放在公道杯杯口，用来过滤茶渣。

◎ **种类**

现在的滤网以不锈钢的为主，还有瓷、陶、竹、木、葫芦瓢等质地；过滤网壁由不锈钢细网、棉线网、纤维网罩等网面组成。

◎ **使用**

1. 有些过滤网有柄，泡茶时要注意与公道杯的柄平行。

2. 泡茶后，用过的滤网应及时清洗。

闻香杯

闻香杯中茶香的味散发慢，可以让品饮者尽情地去玩赏品味。

◎ **功用**

用来嗅闻杯底留香的器具，比品茗杯细长，是乌龙茶特有的茶具，多用于冲泡台湾高香的乌龙茶时使用。

◎ **种类**

以瓷器质地的为主，也有内施白釉的紫砂、陶制的闻香杯。与品茗杯配套，质地相同，加一茶托则为一套闻香组杯。

◎ **选择**

闻香杯一般选用瓷的比较好，因为如果用紫砂，香气会被吸附在紫砂里面，影响闻香的效果。

◎ **使用**

1. 闻香：将闻香杯的茶汤倒入品茗杯后，双手持闻香杯闻香。或双手搓动闻香杯闻香。

2. 闻香杯通常与品茗杯、杯托一起使用，几乎不单独使用。但有的茶具店会把单件的闻香杯放在茶桌上，起装饰效果。

茶玩

◎ **功用**

茶玩又名茶宠，就是为了给泡茶增添乐趣，用来装点和美化茶桌，是相当一部分爱茶人士必备的爱物。

◎ **种类**

茶玩多数以紫砂陶制作，造型千姿百态，有动物的，如小猪、小狗、兔子；也有人物的，如弥勒佛、童子；还有一些吉祥神兽类的，如貔貅、麒麟等。

◎ **选择**

根据个人的喜好，可以选择不同的茶玩。泡茶、品茶时，和茶桌上的茶玩一起"分享"甘醇的茶汤，别有一番情趣。

◎ **使用**

1. 茶玩一般选择形制适中的，不要太大，因为还要考虑让它身体的大部分起到蓄水存水的功能。

2. 不同泥料的紫砂茶玩应该用不同的茶来泡养，如段泥适合用绿茶，紫泥适合用普洱茶等。一个茶玩不能用不同的茶水混着养，一定要一种茶水养一个茶玩，坚持这么做，养出来的茶玩肯定会更漂亮。

3. 养茶玩的过程中，只需用茶水浇濯，不要用清水。这样才会摸上去有温润顺滑的手感。

茶人的紫砂情缘

不少人会有这样的疑问：紫砂壶到底具备怎样的魅力，能够从明朝起迄今，不论朝代更迭或是社会变迁，它都能在各类茶器中独领风骚、成为爱茶人的首选？

壶里乾坤大

◎ 透气好，孕育茶香

紫砂土独特的双球结构使做出来的紫砂壶具有良好的透气性，用来泡茶，既不夺茶香，又没有熟汤，使茶汤可以长久地保持原味。一般的壶，茶汤存放超过一天就会变质发酸，而紫砂壶里的茶汤，放上两天，依然芳香依旧。

◎ 壶衬茶，茶养壶

紫砂壶不仅可以蕴茶香，反过来，茶汤又可以养壶，经过长时间的使用，紫砂壶不断吸收茶汁，泡出来的茶会越来越香，紫砂壶本身的色泽也会越来越润泽光亮。所以，对于上品的紫砂壶，最好只冲泡同一种或同一类的茶，不同类的茶味混合，反而不美。

◎ 经久耐用

紫砂茶壶适应冷热急变的能力极佳，即使在上百度的高温中蒸煮后，迅速投到零下的冰雪中，也不易爆裂。因此，用紫砂壶泡茶，提携抚握不会烫手；寒冬腊月，用沸水泡茶，也不必担心会裂开。长久使用，器身会因抚摸擦拭，变得越发光润可爱，气韵温雅。

◎ 可赏可用

紫砂泥色多彩，且多不上釉，透过历代艺人的巧手妙思，便能变幻出种种缤纷斑斓的色泽、纹饰来，加深了它的艺术性。紫砂茶具透过茶，与文人雅士结缘，吸引到许多画家、诗人在壶身题诗、作画，寓情写意，纵论古今，此举使得紫砂器的艺术性与人文性得到进一步提升。由于实用价值与艺术价值兼备，自然也提高了紫砂壶的经济价值，使得制陶人能更致力于创新。

好茶爱紫砂

紫砂壶的壶形不同，适合泡茶的品种也不同，最常见的紫砂壶又称为标准罐，是一种圆形壶。

◎ 圆形壶泡乌龙

乌龙茶的茶叶一般膨起，而且多呈卷球状，圆形壶提供了足够的空间，可以让半球状的茶叶完全舒展。圆形壶泡乌龙注水之后，圆形的内壁可以让水在茶壶里顺流而转，更能温润地将水与茶叶紧密结合，有利发茶。

◎ 扁形壶泡条形茶

比如条状的武夷岩茶，放入扁形壶，可以沉稳地沉在壶里，安心地释放出所有的香气。倒水的时候，由于扁形壶壶壁较短，水流有了自然的缓冲，加之壶内空间狭小，茶叶更容易浸润在水里，有利于武夷岩茶更好地发挥精华。

◎ 方形壶美观大于实用

方形壶外观上十分引人注目，但是因为内部棱角分明，使茶叶不易滚动，水流容易被阻塞。所以方形壶的美观性大于其实用性，这也是为什么市场上其他形状的紫砂壶大行其道而方形壶乏人问津的原因。

选一把称心的壶

紫砂壶既是一种功能性的实用品，又是可以把玩、欣赏的艺术品。所以，一把好的紫砂壶应在实用性、工艺性和艺术性三方面完美结合。在选购紫砂壶时，不妨就以下几点加以斟酌。

◎ **实用性**

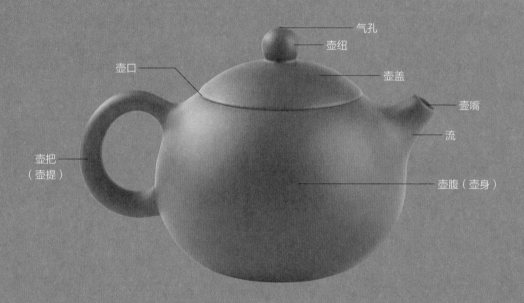

气孔

壶钮

壶口

壶盖

壶嘴

流

壶把
（壶提）

壶腹（壶身）

实用功能是指其容积和容量，壶把便于端拿，壶嘴出水流畅，让品茗沏茶得心应手。不论哪种款式的紫砂壶，其嘴、把、盖都要配置和谐、匀称舒展。盖口要紧密通转，平正妥帖。检验的方法是用手指沿盖子的边缘轻击，发出磕碰声的就是盖或口不够平正；抓牢壶把旋转壶盖，看看能否通转，如果感到时紧时松，说明把口或盖口不圆。

此外，要检查盖子上的通气孔是否通畅，嘴管内的通水网眼是否堵塞，放在桌子上看是否平稳。把壶身托于掌心，用盖珠轻敲壶身，听听声音是否清脆。如发哑声，恐有暗伤。用手掌抚摸全壶，触觉是否舒服。

◎ **工艺性**

一把好的紫砂壶除了壶的流、把、钮、盖、肩、腹、圈足应与壶身整体比例协调，点、线、面的过渡转折也应清晰与流畅。还须审视其"泥、形、款、功"四方面的水准。

上乘的紫砂泥应具有"色不艳、质不腻"的显著特性。所以，选购紫砂壶应就紫砂泥的品质加以考察。

◎ **艺术性**

紫砂艺术是一种"源于生活，高于生活"的艺术。一把好的紫砂壶，除了讲究器形的完美与制作技术的精湛，还要审视纹样、装饰的取材以及制作的手法。一件较完美的作品，必须能达到形、神、气、态兼备，才能使作品生动，显示出强烈的艺术感染力。

养壶的关键

紫砂壶的透气性和发茶性决定了它比瓷壶或其他壶更需要精心的养护。

◎ 养壶守则，卫生第一

有些人为了在壶内形成"茶山"，使其看来更具古意，便将茶叶留存其中，任其阴干。更有些人泡茶后，故意将最后一泡茶汤存于壶内，直至下回使用前倒掉。殊不知，紫砂壶的气孔结构既擅于吸附茶汤，自然也易于吸收霉菌。尤其在高温地区，残茶很快就会变质，不但起不到养壶的作用，反而容易滋生细菌，产生异味。茶汤养壶是一个天长日久的过程，绝非短时之功，正确的做法是每次泡完茶以后马上用热水冲洗，并擦拭干净。

◎ 内外兼修，不事二茶

养壶不只是养外表，壶身内壁亦应一并调养，方能收内外兼修之功。养壶的"内功"最重要的就是：一把壶只泡一种茶。泡乌龙的茶壶，不宜再泡普洱；泡铁观音的壶不宜再来泡大红袍，即使同是乌龙茶，因品种的不同最好也用不同的茶壶。一般来说，只要茶品的浓淡不同，或香味各异，则最好用不同的茶壶。茶馆、茶铺等茶所，基本都是一茶一壶。

◎ 经常抚拭，保持干爽

清洗过或受潮的紫砂壶应该及时擦干，不必用茶汤或油类擦拭，最好选用干净的纯棉布料，久而久之，自然就会焕发出紫砂自身的光彩来。

◎ 新壶的养护

一把新壶使用之前，应先洗净内外的泥粉砂屑，用开水烫过，便可泡茶使用了。新壶注满热茶时，不时用干净的湿布揩拭壶身，时日稍久，壶身便色泽深黯沉静，发出雅光。使用越久，越是夺目，所以紫砂壶有越用越新的说法。

专业的冲泡方法

要泡好一杯茶，不仅要会鉴别好茶，还要会正确的冲泡方法。好茶加上好的冲泡方法，才能泡出一杯更有韵味的茶汤。

泡茶基本手法

持壶

千万别小看一把小小的茶壶，不管你的手有多大力气，茶壶要拿着舒服、不烫手，使用时动作自如，别人看着也舒服，也是需要一点技巧的。

标准持壶：拇指和中指捏住壶把，向上用力提壶，食指轻轻搭在壶盖上，注意不要按住气孔，无名指向前抵住壶把，小指收好。

双手持壶：刚开始泡茶时，可采用此种方法，一只手的中指抵住壶纽，另一只手的拇指、食指、中指握住壶把，双手配合。

其他持壶：食指、中指钩住壶把，拇指轻搭在壶纽上，拿稳茶壶。

温壶

开盖：左手大拇指、食指与中指按壶盖的壶纽上，揭开壶盖，提腕依半圆形轨迹将其放入茶壶左侧的盖置（或茶盘）中。

注水：右手提开水壶，按逆时针方向加回转手腕一圈低斟，使水流沿圆形的茶壶口冲入；然后提腕令开水壶中的水高冲入茶壶；待注水量为茶壶总容量的 1/2 时，复压腕低斟，回转手腕一圈并用力令壶流上翻，令开水壶及时断水，轻轻放回原处。

加盖：左手完成，将开盖顺序颠倒即可。

跟着茶经学泡茶

荡壶：双手取茶巾横覆在左手手指部位，右手三指握茶壶把放在左手茶巾上，双手协调按逆时针方向转动手腕如滚球动作，令茶壶壶身各部分充分接触开水，将冷气涤荡无存。

倒水：以正确手法提壶将水倒入茶盘。

温杯

　　泡茶之前要先温杯，根据茶具的不同，温杯的方式也不一样。

玻璃杯

右手握茶杯基部，左手托杯底，右手手腕逆时针转动，双手协调令茶杯各部分与开水充分接触；涤荡后将开水倒入水盂，放下茶杯。

品茗杯

手持品茗杯，逆时针旋转。

滚动温杯，一只杯侧立在另一杯中，手指推动茶杯转动温烫。再将温杯的水倒入茶盘中。

用茶夹夹住品茗杯，逆时针旋转一周将水倒掉。

用茶夹夹住品茗杯，在另一只杯中滚动温烫。

温盖碗

左手持杯身中下部，右手按杯盖，逆时针方向旋转一周（方法同玻璃杯）。

掀开杯盖，让温杯的水顺着杯盖流入杯托，同时右手转动杯盖温烫杯盖。

冲泡手法

◎ 单手回转冲泡法

右手提壶，手腕逆时针回转，令水流沿茶壶口（茶杯口）内壁冲入茶壶（杯）内。

◎ 双手回转冲泡法

如果开水壶比较沉，可用此法冲泡。双手取茶巾置于左手手指部位，右手提壶，左手垫茶巾部位托在壶底；右手手腕逆时针回转，令水流沿茶壶口（茶杯口）内壁冲入茶壶（杯）内。

◎ 凤凰三点头冲泡法

高提水壶，让水直泻而下，接着利用手腕的力量，上下提拉注水，反复三次，让茶叶在水中翻动。这一冲泡手法，雅称"凤凰三点头"。

"凤凰三点头"最重要之处在于轻提手腕，手肘与手腕平，便能使手腕柔软有余地。所谓水声三响三轻、水线三粗三细、水流三高三低、壶流三起三落，都是靠柔软手腕来完成。此外，手腕柔软之中还需有控制力，才能达到同响同轻、同粗同细、同高同低、同起同落而显示手法精到。最终才会看到每碗茶汤完全一致。

◎ 回转高冲低斟法

乌龙茶冲泡时常用此法。先用单手回转法，右手提开水壶注水，令水流先从茶壶壶肩开始，逆时针绕圈至壶口、壶心，提高水壶令水流在茶壶中心处持续注入，直至七分满时压腕低斟（仍同单手回转手法）；水满后提腕令开水壶壶流上翘断水。淋壶时也用此法，水流从茶壶壶肩—壶盖—盖纽，逆时针打圈浇淋。

从新手到高手的泡茶细节

细节决定品味，泡茶时对细节的把握不仅仅是能保证我们泡出一杯醇香的茶汤，泡茶、饮茶本身就是一个提升自我、休养身心的过程。

细节一：茶具的准备

冲泡不同的茶之前，要准备与之相配合的茶具。茶具的摆放要符合方便操作的需要，冲泡过程中双手要配合使用，器具用完后放回原来的位置，茶具摆放可根据泡茶者的喜好和方便。但是靠近左边的物品用左手取，靠近右边的物品用右手取，取物后交到使用这件器物的手上。取放物品要绕物取物，避免交叉取物。

细节二：选茶

以茶待客自然要选用好茶。所谓好茶，应注意两个方面。一方面是指茶叶的品质，应选上等的好茶待客。另一方面，择茶要根据客人喜好来选择茶叶的品种，同时，也应根据客人的口味浓淡来调整茶汤的浓度。

一般待客时可事先了解或当场询问了解客人的喜好。还可以根据客人的性别、健康状况和时令的不同，有选择地推荐茶叶。比如女士可选择具减肥功能的普洱茶；男士可推荐可细细玩味的乌龙茶。或者是炎炎夏日泡杯清心的绿茶，寒冷冬季冲一壶暖暖的红茶。

细节三：茶叶的取放

取茶：用茶匙将外形松散的茶叶拨入茶荷中。用茶则盛取外形紧结不易碎的茶叶。

泡茶时所用的茶叶应根据需要量取用，取完茶叶封好茶罐后应放回原处。因为茶叶长时间在空气中放置会吸湿，氧化变质。

细节四：茶巾的使用

茶巾是整个泡茶过程中不可缺少的用具，要选择吸水性强的，在使用前应使茶巾干燥，不要使用潮湿的茶巾。

◎ 使用

双手拇指在上，四指在下拿起茶巾。

右手放开茶巾，取需擦拭的茶具。

擦拭公道杯底

擦拭杯底

擦拭壶底

喝茶，该讲究还是将就

茶为国饮，越来越多的人喜欢上了饮茶，可也经常听到身边有人抱怨：国人喝茶不讲究，没有固定程式，茶叶一抓、沸水一泡，就算喝茶了。可难道非要像日本人那样，一招一式按部就班，拘泥于繁杂的泡茶程式，才是讲究地喝茶，才算得上是茶道吗？

简单，亦是茶道

其实所谓茶道，各人有各自的理解。

"茶道的意思，用平凡的话来说，可以称作为忙里偷闲、苦中作乐，在不完全现实中享受一点美与和谐，在刹那间体会永久。"周作人先生对茶道的定义虽然比较随意，却是对中国茶道最通俗易懂的解释。

中国茶道最收放自如，没有那么多条条框框，无论贫富贵贱，男女老幼，只要你欣喜于一杯茶，在氤氲的香气中敞开胸怀，便总能体悟到生命的妙处。

泡茶的一些程式可以学习、了解，随心而做，却不必刻意强求一招一式、分毫不差。喝茶方式本无高低贵贱之分，只是生活中一件再简单不过的事情。有多少仪式感，都比不上一句"吃茶去"。这样喝茶，才会真正体验到茶"一饮涤昏寐，情思爽朗满天地；再饮清我神，忽如飞雨洒轻尘；三饮便得道，何须苦心破烦恼"。更能"洗尽古今人不倦，将至醉后岂堪夸"，在"忙里偷闲、苦中作乐"中享受茶的妙处。

若真爱茶，喝的就不仅是茶本身，还是一颗心，一片闲情，一种生活。

简单、舒适，就是属于你自己的茶道。

与前面讲究茶道的朋友截然相反的是，还有一些刚开始喝茶的朋友，提及茶却格外小心翼翼，总说自己不懂，提及喝茶，也是说随便喝喝。不管这谨慎的态度是不是谦虚，其实对大多数人来说，茶只要觉得好喝就行，不懂茶并不影响个人体验茶带给自身的乐趣，懂不懂茶不那么重要。

于茶，谁都有份

梁实秋先生说过："上焉者细啜名种，下焉者牛饮茶汤，甚至路边埂畔亦有人奉茶。对于茶，谁都有份。"喝茶本就没有阶层、年龄之分，这种习惯从很久以前已经跨越了阶级与贫富种种条件。

喝茶，既不是功课，也不是束缚，并不是只有"懂"的人才有资格爱茶。喝茶是享受，本着享受和放松的心态去喝茶，暂时不必想着去弄懂它，反而会越喝越懂。要是一开始就认定自己不懂，对茶有隔阂感，岂不是越来越不懂？

喝茶不必懂

很多时候喝茶也并没那么复杂，放松专注地去喝，提高身体的觉知力，回到茶本身。放下感受才能得到完整的感受，这比记住各种茶名、香气、口感要轻快得多。

所以，懂茶与不懂茶不重要，重要的是我们每天都在喝茶。茶在手，一人得幽，二人得趣，三人成品。有茶相伴，也是在享受生活。

喝茶，就是这么简单。

尘世喧嚣，愿你我都能在茶的世界里寻到一丝安宁，寻到一份舒心生活。有茶相伴的日子，日子不就是那浓淡一杯茶吗？

饮有粗茶、散茶、末茶、饼茶者,乃斫,乃熬,乃炀,乃舂,贮于瓶缶之中,以汤沃焉,谓之痷茶。或用葱、姜、枣、橘皮、茱萸、薄荷之属,煮之百沸,或扬令滑,或煮去沫,斯沟渠间弃水耳,而习俗不已。

于戏!天育万物,皆有至妙,人之所工,但猎浅易。所庇者屋,屋精极之;所着者衣,衣精极之;所饱者饮食,食与酒皆精极之。茶有九难:一曰造,二曰别,三曰器,四曰火,五曰水,六曰炙,七曰末,八曰煮,九曰饮。阴采夜焙,非造也;嚼味嗅香,非别也;膻鼎腥瓯,非器也;膏薪庖炭,非火也;飞湍壅潦,非水也;外熟内生,非炙也;碧粉缥尘,非末也;操艰搅遽,非煮也;夏兴冬废,非饮也。夫珍鲜馥烈者,其碗数三;次之者,碗数五。若坐客数至五,行三碗;至七,行五碗;若六人已下,不约碗数,但阙一人而已,其隽永补所阙人。

品鉴要点

　　绿茶是历史上最早发现和使用的茶，最早的茶叶使用是从咀嚼鲜叶开始的，后来慢慢发展到生煮羹饮。唐代时期已用蒸青法制造绿茶。现代绿茶以茶树新梢为原料，经杀青、揉捻、干燥等一系列工序制作而成，它可杀菌、保健，给人以健康。

🍵 辨香识韵

　　在各类茶中，绿茶的名品最多，但凡略有名气的茶品，绿茶占一半以上。由于内敛的特性，绿茶的香味悠长，非常适合浅啜细品。绿茶不仅品质优异，而且造型独特，具有较高的艺术欣赏价值。

　　因为绿茶是不发酵茶，其特性决定了它较多地保留了鲜叶内的天然物质。其中茶多酚、咖啡碱保留了鲜叶的85%以上，叶绿素保留50%左右，维生素损失也较少，从而形成了绿茶"清汤绿叶，滋味收敛性强"的特点。

　　绿茶香气具清香或熟栗香、甜花香，滋味鲜醇。

🍵 绿茶冲泡技巧

水温：80℃左右，不应高于85℃

投茶量：茶与水的比例为1（克茶）:50（毫升水）

投茶方法：上投法、中投法、下投法

适用茶具：玻璃杯、盖碗、瓷壶

🍵 基本分类

炒青绿茶

> 长炒青——即眉茶，花色有特珍、珍眉、雨茶、秀眉、贡熙等
> 圆炒青——珠茶：平水珠茶、泉岗辉白、涌溪火青等
> 细嫩炒青：龙井、大方、碧螺春、雨花、松针等
> 普通烘青：闽烘青、浙烘青等
> 细嫩烘青：黄山毛峰、太平猴魁、高桥银峰等

烘青绿茶

> 普通烘青：闽烘青、浙烘青等
> 细嫩烘青：黄山毛峰、太平猴魁、高桥银峰等

晒青绿茶

> 滇青、川青、陕青等

蒸青绿茶

> 煎茶、玉露等

鉴别绿茶

绿茶的品质差别较大，可根据绿茶外观和泡出的茶汤、叶底进行鉴别。

春茶、夏茶和秋茶

春茶外形芽叶硕壮饱满、色墨绿、润泽、条索紧结、厚重；泡出的茶汤味浓、甘醇爽口，香气浓，叶底柔软明亮。

夏茶外形条索较粗松，色杂，叶芽木质分明；泡出的茶汤味涩，叶底质硬，叶脉显露，夹杂铜绿色叶子。

秋茶外形条索紧细、丝筋多、轻薄、色绿；泡出的茶汤色淡，汤味平和、微甜，香气淡，叶底质柔软，多铜色单片。

新鲜绿茶和陈旧绿茶

新鲜绿茶的色泽鲜绿、有光泽，闻有浓味茶香；茶汤色泽碧绿，有清香、兰花香、熟板栗香味等，滋味甘醇爽口；叶底鲜绿明亮。

陈旧绿茶色黄暗晦、无光泽，香气低沉，如对茶叶用口吹热气，湿润的地方叶色黄且干涩；茶汤色泽深黄，味虽醇厚但不爽口；叶底陈黄欠明亮。

茶叶功效

绿茶不仅具有一般茶叶所有的提神清心、清热解暑、消食化痰、去腻减肥、清心除烦、解毒醒酒、生津止渴、降火明目、止痢除湿等药理作用，最新研究结果表明，绿茶中保留的天然物质成分，对防衰老、防癌、抗癌、杀菌、消炎等均有特殊效果，为发酵类茶等所不及。

西湖龙井

从古至今，从意境到滋味，能让文人"清茗一盏酬知音"，能让乾隆亲下江南试新茶，能让绝大多数茶人推崇备至的，非杭州西湖畔的龙井莫属了。

明前雨后

"明前茶，贵如金。"西湖龙井茶因为采摘时间不同，分为"明前茶"和"雨前茶"。在清明前采制的称为"明前茶"，谷雨前采制的称为"雨前茶"。因为产量少、芽头细嫩且鲜，明前茶就显得特别珍贵。一直以来，每年的第一口春茗，以西湖边的明前龙井为上品，被无数爱茶人所追捧。

国色茶香

高级龙井茶的色泽翠绿，外形扁平光滑，形似"碗钉"，汤色碧绿明亮，香馥如兰，滋味甘醇鲜爽，因此西湖龙井有"色绿、香郁、味醇、形美"四绝佳茗之誉。

知名度：★★★★★
冲泡难易度：★★★
品茗最佳季节：春夏
养生功效：提神、抗氧化、净化血管，预防中风和心脏病

茶韵悠悠

西湖龙井宜细品慢啜，需细细体会齿颊留芳、甘泽润喉的感觉，那富有层次的鲜活之感，仿佛聚集了整个春天的灵气。

【叶底】
嫩绿、匀齐成朵

【滋味】
鲜醇甘爽

【香气】
馥郁清香、幽而不俗

【汤色】
清澈明亮、碧绿黄莹

【外形】
扁平挺直、光洁匀整

【色泽】
翠绿鲜润

制茶有道

西湖龙井茶优异的品质是精细的采制工艺所形成的。采摘一芽一叶和一芽二叶初展的芽叶为原料，经过摊放、炒青锅、回潮、分筛、辉锅、筛分整理（去黄片和茶末）、收灰贮存数道工序而制成。

龙井茶炒制手法复杂，依据不同鲜叶原料、不同炒制阶段分别采取"抖、搭、捺、拓、甩、扣、挺、抓、压、磨"等十大手法。难怪当年乾隆皇帝在杭州观看了龙井茶炒制后，也为花费劳力之大和技艺功夫之深而感叹不已。

如何选购

选购西湖龙井时，首先看颜色，茶叶颜色嫩黄说明是本年采摘时间较早的茶叶（量少价高）。颜色翠绿、看上去偏深则是本年采摘比较迟的茶叶（量大价略低）。颜色发灰、发闷说明是去年前年陈茶。其次看大小，茶叶小说明是采摘时间早的特级茶，茶叶大说明采摘时间相对靠后。第三看茶叶是否壮硕，有无肉感，采摘时间早的茶叶由于吸收大量营养，所以比较壮硕有肉感，看起来很厚实；反之茶叶细瘦而薄则说明是采摘时间靠后的茶叶，因为土壤营养已经不够。第五看茶汤颜色，龙井泡开后茶色透明碧绿为上品，汤水浑浊的茶叶为次品。

家庭存茶

如果茶叶数量大，可选择体积合适且密封性能好的玻璃瓶、米缸、陶瓷罐等作为容器，大小视包藏的茶叶多少而定，要求干燥、清洁、无味、无锈；干燥的茶叶用干净的薄纸包好（不得用旧报纸，以免茶叶吸附墨味），每包 500 克，用细绳扎紧，一层一层地放入罐的四周（石灰袋置于中央），密封即可。

如茶叶数量少而且很干燥，也可用两层防潮性能好的薄膜袋包装密封好，放在冰箱中。

茶博士小课堂

狮龙云虎梅

龙井茶因其产地不同，分为西湖龙井、钱塘龙井、越州龙井三种，除了西湖产区 168 平方公里的茶叶叫作西湖龙井外，其他两地产的俗称为浙江龙井茶。而由于产地生态条件和炒制技术的差别，西湖龙井又有"狮（狮峰）、龙（龙井）、云（云栖）、虎（虎跑）、梅（梅家坞）"之分，其中狮峰龙井品质最佳，每年的清明前珍品都奇货可居。

泡茶准备

适宜茶具	玻璃杯、瓷器茶具
水温	80℃左右
茶水比例	1（克茶）：50（毫升水）
冲泡方法	盖碗之下投法

备盏

盖碗、茶则、水盂。

冲泡

1 准备： 首先将水烧至沸腾，等3~5分钟即可到最适宜的80℃左右。取适量西湖龙井茶放入茶则之中备用。

2 温杯： 倒少量热水入盖碗中，温杯润盏。杯身和杯盖都需要温烫到。

冲泡要领

　　人们最常用的冲泡龙井的器具是玻璃杯，以便更好地欣赏茶叶在水中上下翻飞、翩翩起舞的仙姿。但最适合泡龙井茶的是瓷器茶具，因为它能发挥西湖龙井的香与味，能更好地诠释龙井的精妙。用于冲泡西湖龙井的茶具，要求内瓷质洁白，便于衬托碧绿的茶汤和茶叶。

❸ **投茶：**将茶则中的西湖龙井茶投入盖碗之中。

❹ **润茶：**向盖碗中倒入热水，浸没茶叶即可。让茶叶浸润，展开，时间不宜过长，10秒钟左右即可。

❺ **冲泡：**用凤凰三点头的方法高冲水，即高提水壶，让水直泻而下，利用手腕的力量，上下提拉注水，反复三次，让茶叶在水中翻动。冲水至七成满。

❻ 将杯盖露边斜放在盖碗上，以免茶叶闷黄。每次冲水前都要如此。

🍵 第二泡

　　当茶汤饮到还剩1/3时，采用凤凰三点头的手法续第二泡茶汤，茶汤依旧冲水至七成满。待茶汤色泽浓郁、滋味醇厚之后，继续品饮。一般来说第二泡滋味会更浓一些，这是因为茶叶中所浸出的刺激性物质含量增多，但鲜爽的感觉会比第一泡要低一些。

🍵 第三泡

　　当第二泡茶汤饮到还剩1/3时，继续用凤凰三点头的手法续第三泡茶汤，但这次冲水的力度要大些，因为茶叶中的大多数内含物质已经浸出，因此要通过水的力度刺激茶汁的浸出。第三泡的茶汤较第二泡清淡些，口感比较薄，但品饮中还是能体验到满口生津。

冲泡要领

　　①用盖碗冲泡西湖龙井之类的高档绿茶，冲水后杯盖不能立即平放密封，应该露边斜放，以免闷黄茶叶。

　　②绿茶对水温要求是75℃~85℃，因此上班族在办公室里饮水机的水温就可以冲泡绿茶。

洞庭碧螺春

"苏州长州生洞庭山"，最早提起洞庭东山茶的正是在陆羽的《茶经》之中。生于太湖之滨、洞庭山之巅的碧螺春，能长成受文人墨客追捧、帝王将相喜爱，集万千宠爱于一身的"绝代佳人"，皆因为天时、地利、人和。

入山无处不飞翠

洞庭山常年云蒸霞蔚，日月光华、天雨地泉浸浴着这里的茶树，也赋予其秀美清奇的气质。两山树木苍翠，泉涧漫流。花清其香，果增其味，泉孕其肉，碧螺春花香果味的天然品质正是如此孕育而成的。

国色茶香

碧螺春的品质特点是：条索纤细、卷曲成螺、满身披毫、银绿隐翠、清香淡雅、鲜醇甘厚、回味绵长，其汤色碧绿清澈，叶底嫩绿明亮。有"一嫩（芽叶）三鲜（色、香、味）"之称。当地茶农对碧螺春描述为："铜丝条，螺旋形，浑身毛，花香果味，鲜爽生津。"

茶韵悠悠

碧螺春一如江南女子，不能用"大江东去浪淘尽"般的情调去喝，只能慢斟细品。品饮时，应分三口：头一口色淡、幽香、鲜雅；第二口感到茶汤更绿、茶香更浓、滋味更醇，并开始有回甘，满口生津；而到了第三口，我们所品到的已不再是茶，而是在品太湖春天的气息、洞庭山盎然的生机了。

> 知名度：★★★★★
> 冲泡难易度：★★★
> 品茗最佳季节：春夏
> 养生功效：提神健胃、防龋齿、清肝明目、降血压

【叶底】
芽大叶小、嫩绿柔匀

【滋味】
鲜醇甘厚

【香气】
嫩香芬芳

【汤色】
嫩绿、略显浑浊

【色泽】
银绿隐翠

【外形】
条索纤细、茸毛遍布、卷曲呈螺

茶博士小课堂

与别的茶不同，洞庭碧螺春采用茶果间作的种植方式，茶树与桃、李、梅、橘等果木间种，茶吸果香，花融茶叶，二者相得益彰，加之太湖周边气候温和湿润，得天独厚的生长环境孕育了碧螺春的良好品质。

制茶有道

碧螺春的采制非常严格，它每年春分前后开采，以春分至清明这段时间采摘的品质最好。通常采摘一芽一叶初展，形如雀舌。采回的芽叶须进行精细的拣剔，剔去鱼叶[①]和不符标准的芽叶，保持芽叶匀整一致。通常拣剔 1 千克芽叶，需费工 2~4 小时。其实，芽叶拣剔过程也是鲜叶摊放过程，可促使内含物轻度氧化，有利于品质的形成。一般 5 时至 9 时采，9 时至 15 时拣剔，15 时至 24 时炒制，做到当天采摘，当天炒制，不炒隔夜茶。

如何选购

正宗洞庭碧螺春具有卷曲如螺、茸毛遍体、银绿隐翠三个特征，假茶多不完全具备这些特点。

正宗洞庭碧螺春香气浓烈，清香带花果香。其他碧螺春香气不足，也有一点香气，但没有清香和果香，有青草气。

正宗洞庭碧螺春喝到口中很顺口，有一种甘甜、清凉、味醇的感觉，有回味，主要是口味醇。其他碧螺春喝到口中有涩、凉、苦、淡的感觉，无回味，还有青叶味。

家庭存茶

碧螺春是绿茶，在空气中很容易氧化，在合适的温度下还会发酵。应该把碧螺春连小包装纸盒一起，装入食品袋后放入冰箱冷藏室存储，如冰箱有味道，要多套几层袋子，防止茶叶吸附异味。

传统的贮藏方法是纸包茶叶，袋装块状石灰用于吸湿，茶、灰间隔放置缸中，加盖密封贮藏。

注①：鱼叶是指茶树的越冬芽在春季发芽时初展末抽出新梢时最初的叶片，呈鱼形，顾名鱼叶。

泡茶准备

适宜茶具	玻璃杯、青花瓷、白瓷茶具
水温	75℃左右
茶水比例	1（克茶）：50（毫升水）
冲泡方法	玻璃杯之上投法

备盏

玻璃杯、茶荷、茶则、水盂。

冲泡

❶ 准备： 先将水烧至沸腾，等水温降到75℃左右。

用茶则取适量洞庭碧螺春放入茶荷之中。

赏茶： 将茶荷置于虎口处，用拇指和其余四指将茶荷拿稳，另一只手托住茶荷底部，请客人欣赏干茶。此时可以观察茶叶的形状和闻干茶的气味。

❷ 温杯： 向玻璃杯中注入少量热水。双手持杯底缓慢旋转，使杯中上下温度一致，然后将洗杯的水倒入水盂中。

冲泡要领

①对于刚开始喝茶的人来说，投茶量可以少放些。碧螺春是比较嫩的茶叶，水温低些大概在75℃左右就好，即手摸杯子微微觉得烫就可以了。

②温杯的两重意义：一是为了清洁杯子，二是为杯子增温。杯温跟水温越相近越能让茶性发挥。

跟着茶经学泡茶

❸ **注水：** 注水入杯至七成满。

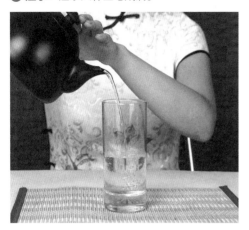

❹ **投茶：** 用茶匙将茶荷中的洞庭碧螺春轻轻拨入玻璃杯中。

❺ **静置：** 投茶后将茶静置3分钟左右。

❻ **赏茶舞：** 欣赏茶叶落入水中，茶芽吸水后瞬间沉入杯底，在茶叶渐渐落下的同时，茶汤慢慢变绿的过程。

🍵 第二泡

当茶汤还剩1/3的时候，将水注入杯中，续满七成。此时的茶汤会浓郁起来，色泽也会更绿，汤浓色重，口感也由清雅变得浓醇。

🍵 第三泡

当茶汤还剩1/3的时候，将水注入杯中，续满七成。第三泡的茶汤滋味又恢复了清淡，醇和的感觉淡了些，滋味较之前一泡薄了少许。

冲泡要领

　　① 冲泡绿茶通常选用无色无花纹的直筒形、厚底耐高温的玻璃杯，以便于观赏"茶舞"。

　　② 一般茶叶是先放茶，后冲水。而碧螺春则是先在杯中倒入沸水，然后放进茶叶。这种先向杯中冲入热水至七成满，再投入茶叶的方法称为上投法，适用于茶芽细嫩、紧细重实的茶比如碧螺春、蒙顶甘露。这种泡法还有个好听的名字叫"落英缤纷"。

　　③ 碧螺春因为毫多，冲泡后会有"毫浑"，其他绿茶汤色都应清明透亮。

茶博士小课堂

　　生活中用绿茶待客最为方便礼貌，一般用玻璃杯冲泡即可。通常绿茶泡开后，第一泡茶不要倒尽，留些水来养茶，才是高明的泡绿茶法。

黄山毛峰

黄山南麓，地灵人杰，孕育出了中国十大名茶之一的黄山毛峰。登过黄山的人，饮此茶恍若再睹奇绝风光；未曾到过黄山的人，也可从茶香中揣摩出如诗如画的景色。

自古名山出名茶

"天下名山，必产灵草"。黄山盛产名茶，除了具备一般茶区的气候湿润、土壤松软、排水通畅等自然条件外，还兼有岩峭坡陡能蔽日、林木葱茏水土好等自身特点。黄山常年云雾缥缈，茶树终日笼罩在云雾之中，很适合茶树生长，因而叶肥汁多、经久耐泡。加上黄山遍生兰花，花香的熏染，使黄山茶叶格外清香，风味独具。

国色茶香

黄山毛峰条索细扁，翠绿之中略泛微黄，色泽油润光亮。尖芽紧偎叶中，形似雀舌，并带有金黄色鱼叶；叶芽肥壮，均匀整齐，白毫显露，色似象牙。其中"鱼叶金黄，色似象牙"是黄山毛峰和其他绿茶的最大的区别。

很多人认为鱼叶金黄是指黄山毛峰的叶

> 知名度：★★★★★
> 冲泡难易度：★★★
> 品茗最佳季节：夏季
> 养生功效：消热、消暑、解毒、去火、降燥、止渴、生津、强心、提神

芽是金黄色的，其实这个鱼叶指的是黄山毛峰特级茶叶一芽一叶下那片过冬的小叶子是金黄色的，一般毛峰的芽叶还是黄绿色；而色似象牙特指黄山毛峰的颜色看上去是"没有光泽的，有黄有白还有点绿色"的效果。

茶韵悠悠

黄山毛峰香似兰香悠然，沁人心脾；茶汤滋味柔和，入口爽滑柔润，口颊生香。一杯上好的黄山毛峰，滋味由清雅入绵厚，层层递进，越品越有味。

【叶底】
嫩黄柔软

【滋味】
鲜醇爽口

【香气】
清香馥郁

【汤色】
黄绿，
清澈明亮

【外形】
形似雀舌、
银毫显露

【色泽】
黄绿油润

制茶有道

黄山毛峰采摘细嫩，特级黄山毛峰的采摘标准为一芽一叶初展，1~3级黄山毛峰的采摘标准分别为一芽一叶、一芽二叶初展；一芽一二叶；一芽二三叶初展。特级黄山毛峰开采于清明前后，1~3级黄山毛峰在谷雨前后采制。

鲜叶进厂后先进行拣剔，剔除冻伤叶和病虫危害叶，拣出不符合标准要求的叶、梗和茶果，以保证芽叶质量匀净。然后将不同嫩度的鲜叶分开摊放，散失部分水分。为了保质保鲜，要求上午采，下午制；下午采，当夜制。黄山毛峰的制造分采摘、杀青、揉捻、干燥烘焙四道工序。

如何选购

黄山毛峰产于安徽歙县黄山。其外形细嫩稍卷曲，芽肥壮、匀齐，有锋毫，形状有点像"雀舌"，叶呈金黄色；色泽嫩绿油润，香气清鲜，水色清澈、杏黄、明亮，味醇厚、回甘，叶底芽叶成朵，厚实鲜艳。假茶呈土黄，味苦，叶底不成朵。

家庭存茶

黄山毛峰茶易受潮变质，把茶叶拿回家后，必须妥善保存。现在多采用冰箱冷藏方法，冷藏温度控制在0℃~10℃为好。由于茶叶极易吸附异味和水分，而家用冰箱通常会放置各类食品，因此采用冰箱低温冷藏黄山毛峰时，特别要注意外包装的阻隔性能，以防止串味。可选择外包装隔气性好的材料，如在茶叶纸包外套一两层塑料袋，或用铝箔袋装茶叶，然后扎紧放入冰箱即可。

泡茶准备

适宜茶具	玻璃杯、白瓷茶具
水温	75℃左右
茶水比例	1（克茶）:50（毫升水）
冲泡方法	玻璃杯之中投法

备盏

玻璃杯、茶荷、茶匙、水盂。

冲泡

❶ **准备**：先将水烧至沸腾，等水温降到80℃左右。用茶匙将适量茶叶拨入茶荷之中。

❷ **温杯**：向玻璃杯中注入少量热水，手持杯底，缓慢旋转使杯中上下温度一致，然后将废水倒入水盂中。

❸ 注水：将热水注入杯中约茶杯的 1/4。

❹ 投茶：用茶匙将茶荷中的黄山毛峰拨入杯中，静待茶叶慢慢舒展。可轻摇杯身，促使茶汤均匀，加速茶与水的充分融合。

❺ 冲水：茶叶舒展后，高冲水至七成满。一两分钟后即可品茗。

茶博士小课堂

曲指代跪的由来

奉茶者给受茶者奉茶或斟茶时，受茶者右手食指和中指并拢微曲，轻轻叩击茶桌两下，以示谢意。或不必弯曲，用指尖轻轻叩击桌面两下，显得亲近而谦恭有礼。这是茶桌上特有的礼仪，这个礼仪的由来是这样的：

乾隆皇帝下江南时，一次微服出行，装扮成仆人。他走到路边茶馆喝茶，店主不认识皇帝，当他是仆人，就把茶壶递给他，让他给穿着像主人的太监倒茶。皇帝斟茶，太监自然非常惶恐，又不能马上下跪谢恩暴露皇帝身份，情急之下将右手的食指与中指并拢，弯曲指关节，在桌上做跪拜状轻轻叩击。后来慢慢地，这一谢茶礼就在民间流传开来。

太平猴魁

"太平县生上睦、临睦，与黄州同"，陆羽《茶经》中，就曾提及了太平产茶。太平猴魁包括猴魁、魁尖、尖茶 3 个品类，以猴魁最好。

🍵 茶中魁斗

1915 年，太平猴魁在巴拿马万国博览会上荣获金质奖章，1955 年太平猴魁又被评为全国十大名茶之一，从此太平猴魁茶便逐渐蜚声海内外。2004 年，太平猴魁在国际茶博会上获得"绿茶茶王"称号，所以猴魁又被称为茶中魁斗。

知名度：★★★★★
冲泡难易度：★★★
品茗最佳季节：夏季
养生功效：抗菌、防龋齿、抑制动脉硬化，尤其适宜慢性咽炎、经常吸烟者

🍵 国色茶香

太平猴魁的色、香、味、形独具一格，有"刀枪云集，龙飞凤舞"的特色。每朵茶都是两叶抱一芽，平扁挺直，不散、不翘、不曲，俗称"两刀一枪"，素有"猴魁两头尖，不散不翘不卷边"之称。叶色苍绿匀润，叶脉绿中隐红，俗称"红丝线"。

🍵 茶韵悠悠

太平猴魁滋味鲜爽醇厚，回味甘甜，泡茶时即使放茶过量，也不苦不涩。品其味，则幽香扑鼻，醇厚爽口，回味无穷，有独特的"猴韵"，可体会出"头泡香高，二泡味浓，三泡四泡幽香犹存"的意境。

【叶底】
嫩绿匀亮、
芽叶成朵肥壮

【滋味】
醇厚爽口

【香气】
幽香扑鼻

【汤色】
青绿明净

【色泽】
苍绿匀润

【外形】
两叶抱芽、
平扁挺直、
白毫隐伏

制茶有道

太平猴魁的采摘在谷雨至立夏，茶叶长出一芽三叶或四叶时开园，立夏前停采。采摘时间较短，每年只有15~20天时间。分批采摘开面为一芽三四叶，并严格做到"四拣"：一拣坐北朝南、阴山云雾笼罩的茶山上的茶叶；二拣生长旺盛的茶棵采摘；三拣粗壮、挺直的嫩枝采摘；四拣肥大多毫的茶叶。将所采的一芽三四叶，从第二叶茎部折断，一芽二叶（第二叶开面）俗称"尖头"，为制猴魁的上好原料。

采摘天气一般选择在晴天或阴天午前（雾退之前），午后拣尖。由杀青、毛烘、足烘、复焙四道工序制成。

如何选购

太平猴魁干茶扁平挺直、魁伟重实。简单地说，就是其个头比较大，两叶一芽，叶片长，这是太平猴魁独一无二的特征，其他茶叶很难鱼目混珠。冲泡后，芽叶成朵肥壮，有若含苞欲放的白兰花。此乃极品的显著特征，其他级别形状相差甚远，则要从色、香、味仔细辨识。

家庭存茶

买回的小包装茶，无论是复合薄膜袋装茶或是听罐包装茶，都必须放在能保持干燥的地方。如果是散装茶，可用干净白纸包好，置于有干燥剂（如块状未潮解石灰）的罐、坛中，坛口盖密。如茶叶数量少而且很干燥，也可用两层防潮性能好的薄膜袋包装密封好，放在冰箱中，至少可保存半年基本不变质。

六安瓜片

六安瓜片历史悠久，早在《茶经》中就记载有"六安茶"。《红楼梦》中亦有提及，在第41回，妙玉烹茶给宝黛钗三人，因林黛玉分不出烹茶的水是雨水还是雪水遭到了妙玉的嘲笑，此中妙玉烹的茶便是六安瓜片了。

与众不同的特殊绿茶

每一种茶叶都有其特殊的名片，而六安瓜片的特殊身份，似乎比其他绿茶都多了几重。绿茶讲究鲜嫩，原料多是一芽一叶或一芽几叶为主。六安瓜片却与众不同，只采叶片，它是唯一无芽无梗的茶叶，由单片生叶制成。此外，六安瓜片还是茶叶中含水率最低的茶，因此出茶率也很低，每四五斤的鲜叶能出一斤的成品干茶。

知名度：★★★★
冲泡难易度：★★★
品茗最佳季节：夏季
养生功效：清心明目、提神消乏、消暑解渴、降血脂

一层沫，形似朵朵瑞云，状如金色莲花，清香扑鼻，在中国名茶中独树一帜。

国色茶香

六安瓜片品质独特，以"壮"叶做片茶，形似瓜子。单片不带梗芽，叶边背卷顺直，色泽宝绿，附有白霜，汤色碧绿，清澈明亮，香气清高，味鲜甘美。若冲泡在杯中能浮起

茶韵悠悠

饮时宜小口品啜，让茶汤与舌头味蕾充分接触，细细领略六安瓜片茶的风韵。此时舌与鼻并用，可从茶汤中品出沁人心脾的嫩茶香气，饮后舌苔有淡淡的兰花香缭绕。

【叶底】
绿嫩明亮

【汤色】
碧绿、清澈明亮

【香气】
清香持久

【滋味】
鲜醇回甘

【外形】
单片平展、顺直、匀整，叶缘微翘

【色泽】
色泽宝绿、大小匀整、叶披白霜

跟着茶经学泡茶

制茶有道

六安瓜片工艺独特，其独特处是无法用机械制作出的，必须采用传统工艺，使用的工具是生锅、熟锅和竹丝帚或芒花帚。炒制时，每次投鲜叶100克左右，翻炒一两分钟，叶片变软，待色泽变暗时，转至熟锅，边炒边拍，使叶子逐渐成为片状。

六安瓜片的颜色、香味之所以与其他茶叶不一样，其奥妙主要在于拉毛火、拉小火、拉老火。拉火时，均用精选栗炭，每烘笼设两三斤，烘到八九成干时，拣去黄片、漂片、红筋、老叶等。拉毛火后一天开始拉小火，每笼投叶五六斤，火温不宜太高，烘到足干。拉老火，场面很大，木炭通红，火焰冲天，两个人抬着烘笼烘上两三秒钟，抬下翻茶，如此这般，每烘笼茶叶连续翻烘81次，直至叶片绿中带霜，趁热装桶封存。这样，六安瓜片就形成了特殊的色、香、味、形。

如何选购

高品质的六安瓜片，其外形平展，每一片不带芽和茎梗，叶呈绿色光润，微向上重叠，形似瓜子，内质香气清高，水色碧绿，滋味回甜，叶底厚实明亮。劣质茶则味道较苦，色比较黄。

家庭存茶

一般家庭购买的茶叶数量很少，保存时可装入有双层盖的马口铁茶叶罐里，最好装满而不留空隙，这样罐里空气较少，有利于保藏。双层盖都要盖紧，用胶布粘好盖子缝隙，并把茶罐装入两层尼龙袋内，封好袋口。

茶博士小课堂

与一般的绿茶不同，冲泡六安瓜片适合用开水，建议水温控制在90℃左右为宜，沏茶时雾气蒸腾，清香四溢，所以也有"齐山云雾瓜片"之称。六安瓜片适合采用中投法，即先在茶杯中倒入约1/4杯热水，然后再投入茶叶，轻轻摇动杯身，然后再加水。

中篇一读茶经，鉴名茶

庐山云雾

"幸饮庐山云雾茶，更识庐山真面目"，诗一般的赞语，也衬托了庐山云雾的清澈高雅。相传名僧慧远就曾在东林寺，以自己栽种的云雾茶款待过诗人陶渊明，说来也是晋朝的故事了。

坐饮香茶爱此山

在古代，与黄山相比，庐山的名气要响得多。历代名人交口赞誉，认为宇内名山，除五岳以外，首推匡庐。庐山种茶，历史悠久。远在汉朝，这里已有茶树种植，到了明代，庐山云雾茶名称已出现在明《庐山志》中，由此可见，庐山云雾茶至少已有三百余年历史了。

好山好水出好茶，好茶多出在海拔高、温差大、空气湿润的环境中。庐山由于海拔高，冬季来临时经常产生"雨淞"和"雾淞"现象，这种季节温差的变化和强紫外线的照射，恰好利于茶树体内芳香物质的合成，从而奠定了高山出好茶的内在因素。所以，庐山云雾茶的芽头肥壮，茶中含有较多的单宁、芳香油类和多种维生素。

知名度：★★★★
冲泡难易度：★★★
品茗最佳季节：夏季
养生功效：帮助消化、杀菌解毒、防止肠胃感染

国色茶香

庐山云雾茶让人叫绝的六大特点是：条索清壮、青翠多毫、汤色明亮、叶嫩匀齐、香郁持久、醇厚味甘。

茶韵悠悠

冲泡后的庐山云雾茶宛若碧玉盛于杯中。仔细品尝会发现，它的味道与西湖龙井类似，却比龙井更加醇厚。庐山云雾茶，滋味总是这样，慢慢地浓郁。

【叶底】
嫩绿微黄

【香气】
清澈明亮

【汤色】
清澈明亮

【滋味】
鲜爽持久、有兰花香

醇爽味甘

【色泽】
碧嫩光滑、芽翠绿

【外形】
条索紧结、重实、多毫

跟着茶经学泡茶

🍵 制茶有道

由于气候条件，庐山云雾茶比其他茶采摘时间较晚，一般在谷雨之后至立夏之间始开园采摘。采摘标准为一芽一叶初展，长度不超过5厘米，剔除紫芽、病虫害叶，采后摊于阴凉通风处，放置四五个小时后开始进行炒制。经杀青、抖散、揉捻、理条、搓条、提毫、烘干、拣剔等工序精制而成。

庐山云雾茶的加工制作十分精细，手工制作，每道工序都有严格要求，如杀青要保持叶色翠绿；揉捻要用手工轻揉，防止细嫩断碎；搓条也用手工；翻炒动作要轻。这样才能保证茶的品质优佳。

🍵 如何选购

选购庐山云雾时，除了根据它特有的品质特征进行挑选外，还要特别注意两点：一是茶叶的干度，二是茶叶的生产日期。购买散装茶时，先用两个手指研茶条，如能研成粉末的，说明茶比较干燥；如不能研成粉末，只能研成细片状的，说明茶已经吸湿受潮，这种茶叶不宜购买。如果购买盒装或密封包装的小包装茶叶时，要特别注意包装上的生产日期，一般六个月以内为好。

🍵 家庭存茶

塑料袋贮茶法：选用密度高、厚实、强度好、无异味的食品包装袋。庐山云雾茶叶可以事先用较柔软的净纸包好，然后置于食品袋内，封口即可。

热水瓶贮茶法：可用保温不佳而废弃的热水瓶，内充干燥的庐山云雾茶，盖好瓶塞，用蜡封口。

冰箱保存法：将庐山云雾茶装入密度高、耐高压、强度好、无异味的食品包装袋，然后置于冰箱冷冻室或者冷藏室。使用这种方法保存庐山云雾茶叶的时间长、效果好，但袋口一定要封牢，封严实，否则会回潮或者串味。

泡茶准备

适宜茶具	玻璃杯、瓷器茶具
水温	80℃左右
茶水比例	1（克茶）：50（毫升水）
冲泡方法	盖碗之上投法

备盏

盖碗、茶则、水盂。

冲泡

1 准备： 先将水烧至沸腾，等3~5分钟即可到最适宜的80℃左右。取适量庐山云雾茶放入茶则之中备用。

2 温杯： 倒少量热水入盖碗中，温杯润盏。杯身和杯盖都应该温烫到。

冲泡要领

①因庐山云雾茶外形条索紧结粗壮，冲泡时采用上投法较佳。

②冲泡庐山云雾一般以80℃~85℃水温为宜（水烧开略为冷却），这样泡出的茶汤,才能汤色明亮,醇厚味甘。

❸ 注水：注水入盖碗中至七成满。

❹ 投茶：将茶则中的干茶轻轻拨入盖碗杯中。

❺ 静置：投茶后将茶静置3分钟左右。

❻ 品饮：端起盖碗，品饮茶汤。

茶博士小课堂

古人是怎么冲泡绿茶的

　　关于古人是怎么冲泡绿茶的，明代陈师著《茶考》一书记载了最早的杯泡绿茶法："杭俗烹茶，用细茗置茶瓯，以沸汤点之，名为撮泡。"这已经说得很清楚了。传统绿茶饮法是用瓷质茶具来冲泡的，因为瓷质茶具最能发挥绿茶的茶性，我们经常可以看到老一辈人端着一个瓷杯在细啜慢饮，可见一斑。

信阳毛尖

早在唐朝，陆羽在《茶经》中已把信阳列为八大产茶区之一。对信阳人来说，一杯上好的信阳毛尖是颇有说头的。"师河中心水，车云山上茶"，意思是只有取用来自车云山上的毛尖，并以师河中心的水来冲泡，方能称得上地地道道的信阳毛尖茶。

淮南茶，信阳第一

信阳种茶历史悠久，唐朝时期，信阳已成为著名的"淮南茶区"。相传武则天患病时，御医开出药方用信阳茶为引，药到病除，这位中国绝代女皇心中大悦，赐黄金白银在车云山修建一座千佛塔，以镇妖孽，保茶乡一方平安。宋代大文豪苏东坡品尝信阳茶后，拍案叫绝，称赞"淮南茶，信阳第一。"1998年10月在杭州召开的国际茶博览会上，日本著名茶叶专家山西贞女士称"信阳毛尖清香高雅，不仅是中国的名茶，也是当今世界绿茶的珍品。"

国色茶香

信阳毛尖的色、香、味、形均有独特个性，其颜色鲜润、干净，不含杂质，香气高雅、清新，味道鲜爽、醇香、回甘，从外形上看则匀整、鲜绿有光泽、白毫明显。

优质信阳毛尖汤色嫩绿、黄绿或明亮，味道清香扑鼻；劣质信阳毛尖则汤色深绿或发黄、混浊发暗，不耐冲泡、没有茶香味。

知名度：★★★★
冲泡难易度：★★★
品茗最佳季节：夏季
养生功效：帮助消化、杀菌解毒、防止肠胃感染

茶韵悠悠

关于信阳毛尖的味道，可以形容为"锐利的"。午后困倦时，用它刺激味蕾；看绿意盎然，振奋精神。

【叶底】
细嫩匀整

【滋味】
鲜浓爽口

【香气】
清香高长，
略有熟板栗香

【汤色】
黄绿明亮

【外形】
细秀匀直、
白毫显露

【色泽】
翠绿

🍵 制茶有道

信阳毛尖炒制工艺独特，炒制分"生锅""熟锅""烘焙"三个工序，用双锅变温法进行。随着锅温变化，茶叶含水量不断减少，品质也逐渐形成。

"生锅"用细软竹扎成圆扫茶把，在锅中有节奏地反复挑抖，鲜叶"下绵"，也就是变软后，开始初揉，并与抖散相结合。反复进行4分钟左右，形成圆条，达四五成干即转入"熟锅"内整形。"熟锅"开始仍用茶把继续轻揉茶叶，并结合散团，待茶条稍紧后，进行"赶条""理条"，"理条"是决定茶叶光和直的关键。"理"至七八成干时出锅，进行"烘焙"；烘焙经初烘、摊放、复火三个程序，即成品优质佳的信阳毛尖。上等信阳毛尖含水量不超过6%。

🍵 如何选购

真信阳毛尖：汤色嫩绿、黄绿、明亮，香气高爽、清香，滋味鲜浓、醇香、回甘。芽叶着生部位为互生，嫩茎圆形、叶缘有细小锯齿，叶片肥厚绿亮。真毛尖无论陈茶、新茶，汤色俱偏黄绿，且口感因新陈而异，但都是清爽的口感。

假信阳毛尖：汤色深绿、混暗，有苦臭气，并无茶香，且滋味苦涩、发酸，入口感觉如同在口内覆盖了一层苦涩薄膜，异味重或淡薄。茶叶泡开后，叶面宽大，芽叶着生部位一般为对生，嫩茎多为方形，叶缘一般无锯齿，叶片暗绿，柳叶薄亮。

🍵 家庭存茶

密闭冷藏置于干燥无异味处（以冰箱冷藏为佳）。

婺源绿茶

在婺源当地，比"中国最美的农村"的名声更响的，不是徽派建筑，不是油菜花，而是婺源的绿茶。

绿丛遍山野，户户有香茶

婺源乡村，家家种茶，人人饮茶。不仅上山采药、下田耕作要带上茶筒，村间道路还设有茶亭。家里待客，常用茶壶泡茶分饮。

婺源产茶历史悠久，早在唐代就已成为著名茶区，《茶经》中就有着"歙州茶生婺源山谷"的记载。婺源茶"宋称绝品"，"明清入贡"；1915年，"协和昌"珠兰精茶，荣获国际"巴拿马万国博览会"金奖。如果说，陆羽的《茶经》只是记载婺源绿茶的一个引子，那么，美国人威廉·乌克斯在《茶叶全书》中对婺源绿茶就有了很高的评价："婺源茶不独为路庄绿茶之上品，且为中国绿茶品质之最优者。"

知名度：★★★
冲泡难易度：★★★
品茗最佳季节：夏季
养生功效：降血脂、抗衰老、美白

国色茶香

婺源绿茶其外形细紧纤秀，弯曲似眉，挺锋显毫；色泽翠绿光润，翠绿紧结，银毫披露；汤色黄绿清澈，叶底柔嫩；为眉茶中的极品。

茶韵悠悠

通常是先慢喝两口茶汤后，再小呷细细品味，婺源绿茶微苦、清凉、有丝丝的甜味。

【叶底】
嫩匀

【滋味】
鲜爽甘醇

【香气】
香高持久

【汤色】
清澈明亮

【色泽】
翠绿光润
银毫披露
翠绿紧结、

【外形】
弯曲似眉、

蒙顶甘露

"若教陆羽持公论，应是人间第一茶。"蒙顶甘露是中国最古老的名茶，被尊为茶中故旧、名茶先驱。

茶中故旧是蒙山

蒙顶名茶种类繁多，有甘露、黄芽、石花、玉叶长春、万春银针等。其中"甘露"在蒙顶茶中品质最佳。"甘露"之意，一是西汉年号；二在梵语中是念祖之意；三则指茶汤滋味鲜醇如甘露。

相传蒙山种茶始于西汉末年，时名山人吴理真亲手种七株茶于上清峰，"灵茗之种，植于五峰之中，高不盈尺，不生不灭，迥异寻常"，当时被人们称为仙茶，吴理真也在宋代被封为甘露普慧妙济大师。

国色茶香

蒙顶甘露紧卷多毫，嫩绿润泽；汤碧而黄，清澈明亮；香气浓郁，芬芳鲜嫩；叶底嫩绿，秀丽匀整。

知名度：★★★★
冲泡难易度：★★★
品茗最佳季节：夏季
养生功效：抗菌、防龋齿、抑制动脉硬化

茶韵悠悠

蒙顶甘露最大的特色是：嫩、鲜、醇。"嫩"指的是蒙顶甘露带着一股春天气息的小草味道；"鲜"是蒙顶甘露自古就以"鲜"名天下，从现在生化学的角度来看，蒙顶山群体种的氨基酸含量高达 4.85%，在国内各大名优绿茶中含量算是很高的；"醇"是指相比其他绿茶而言，蒙顶甘露口感更加醇和、略微带甜。

【叶底】
黄绿柔软

【滋味】
味醇甘鲜
香馨高爽、
鲜嫩馥郁

【香气】

【汤色】
黄绿明亮

【色泽】
嫩绿色润
叶嫩芽壮

【外形】
纤细、
身披银毫、

狗牯脑

一款茶，有时候也是一座山的味道，比如狗牯脑。狗牯脑是山，狗牯脑亦是茶。狗牯脑山，因其形似狗头而得名；狗牯脑茶，便产自狗牯脑山。

三届世博会金奖得主

狗牯脑茶始于清代，却其名不扬。直到1915年，在美国旧金山举办巴拿马万国博览会，狗牯脑茶叶被送往参展，获得了金奖。从此，这一款被名字坑了的茶，才一炮而红，驰名中外，并在100年的时间里三次荣获世博会金奖（1915年美国巴拿马—太平洋国际博览会金奖，2010年上海世博会金奖，2015年意大利米兰世博会百年世博中国名茶金奖）。

狗牯脑茶鲜叶采自当地群体小叶种，每年清明前后开采，标准为一芽一叶，要求做到不采露水叶，雨天不采叶，晴天的中午不采叶。鲜叶采回后还要进行挑选，剔除紫芽叶、单片叶和鱼叶，最后经过杀青、揉捻、整形、烘焙、炒干和包装六道工序，成为成品绿茶。

知名度：★★
冲泡难易度：★★★
品茗最佳季节：夏季
养生功效：提神醒脑、消食去腻、益肝利肾

国色茶香

狗牯脑茶外形紧结秀丽，条索匀整纤细，颜色碧中微露黛绿，表面覆盖一层细软嫩的白绒毫，莹润生辉。

茶韵悠悠

狗牯脑茶汤清澄略呈金黄色，头泡茶，味道略苦；第二泡茶，除了苦味外，会有隐约的香味慢慢在口中化开，带着丝丝甜意，透着山泉般的自然。

【叶底】
黄绿匀整

【滋味】
清新鲜爽、
甘甜沁腑

【香气】
鲜嫩高爽、
略带花香

【汤色】
黄绿明亮

【外形】
紧结秀丽、
芽端微勾、
白毫显露

【色泽】
黛绿莹润

跟着茶经学泡茶

峨眉竹叶青

这样的茶叶名字，舒服、清新、无俗气。它让人可以悠然自得地想象一眼望不到边际的竹林，株株竹竿亭亭玉立、直插云霄，端庄不失仪态、文静温柔不失雅致。

天人合一一杯茶

竹叶青茶与佛家、道教的渊源甚长。茶之兴盛，随世而进。西汉末年，佛教传入中国。因为长时间坐禅容易使僧徒们疲倦、困顿，而茶因有提神、解乏等功效，因此成为最理想的饮料。

佛文化中凝铸着深沉的茶文化，而佛教又为茶道提供了"梵我一如"的哲学思想，更深化了茶道的思想内涵，使茶道更具神韵。道家"天人合一"思想是中国茶道的灵魂。品茶无我，我是清茗，清茗即我。高境界的茶事活动，是物我两忘的，一如庄周是蝶，蝶是庄周。而竹叶青正是这清茗之一。

国色茶香

竹叶青外形扁条，两头尖细，形似竹叶；内质香气高鲜；汤色清明，滋味浓醇；叶底嫩绿均匀。茶叶两头尖尖，中间突起，绿得温润而可爱，名如其形，确与竹叶有八九分相像。

知名度：★★★
冲泡难易度：★★★
品茗最佳季节：夏季
养生功效：提神益思、生津止渴

茶韵悠悠

看着茶叶在杯子里面沉落的模样，仿佛风中摇曳的竹叶，有着无以传达的优雅姿态。透过浮沉的茶叶，想象一下漫步在静谧的竹林中，或者还可以观看到清晨没有蒸发掉的露珠挂在竹叶上，反射耀眼的阳光，晶莹剔透，是不是透过它们能看到彩虹那边的幸福和永远？

【叶底】
嫩黄明亮

【滋味】
鲜嫩醇爽

【香气】
清香馥郁

【汤色】
嫩绿明亮

【色泽】
挺直秀丽

【外形】
扁平光滑、

嫩绿油润

径山茶

径山茶始栽于唐，闻名于宋，而其深厚的历史文化底蕴和浓郁的茶道色彩，更赋予了径山茶无穷的韵味。

陆羽著经在此山

径山是茶圣陆羽著经之地，据《新唐书·隐逸传》记载，陆羽曾在径山隐居，并在径山植茶、制茶、研茶，著下传世著名的《茶经》，而其用来烹茶品茗的"陆羽泉"则为世间增添了无限的传奇，这些都为径山茶增加了人文内涵。

而让径山茶闻名于世的其实是径山茶宴和它对日本茶道的影响。宋代的径山僧人以点茶法为基础，创立了一套径山茶宴。茶宴里规定了点茶的环境、器具和流程。这套点茶仪轨被日本僧人完整地带回国，日本茶道各个流派大多是在径山茶宴的基础上发展起来的。

知名度：★★★★
冲泡难易度：★★★
品茗最佳季节：夏季
养生功效：排毒养颜、促进消化、预防癌症

国色茶香

径山优美的生态环境决定了径山茶的优秀品质。径山茶外形细嫩，紧结显毫，色泽翠绿，汤色嫩绿明亮，叶底嫩匀成朵。

茶韵悠悠

茶汤入口甘醇爽口，有着江南绿茶特有的清幽和甘香。三水毕，喉间甘润，余香满口，其间况味，真个是"口不能言，心下快活自省。"

【叶底】
细嫩、匀净成朵

【滋味】
甘醇爽口

【香气】
鲜嫩栗香

【汤色】
嫩绿明亮

【色泽】
翠绿

【外形】
细嫩、紧结、显毫

禅意茶心的径山茶宴

茶道中人，必对"径山茶宴"津津乐道。径山茶宴原属禅院清规的一部分，是禅僧修持和僧堂生活的必修功课，也是佛门禅院与世俗士众结缘交流的重要形式。在宋元时期，禅院的法事法会、内部管理、檀越应接和禅僧坐禅、供佛、起居，无不参用茶事茶礼。径山茶宴是按照寺院普请法事的程式来进行的，礼仪备至，程式规范，主躬客恭，庄谨宁和，体现了禅院清规和茶艺礼俗的完美结合。

举办茶宴时，众佛门弟子围坐"茶堂"，茶宴之顺序和佛门教仪依次为：

点茶	由住持亲自冲点香茗"佛茶"，以示敬意。
献茶	由寺僧们依次将香茗奉献给来宾。
闻香	赴宴者接过茶后，先打开茶碗盖闻香。
观色	举碗观赏茶汤色泽。
尝味	启口，在"啧啧"的赞叹声中品味。
叙谊	论佛诵经，谈事叙谊。

径山茶宴对每个举止动作都有具体要求，特别是僧俗之间的礼节有严格详尽的规定，意境清高，程式规范，形成了一整套完善严密的礼仪程式，是中国茶会、茶礼发展历程中的最高形式。在径山茶宴的整个过程中，贯穿着大慧宗杲的"看话禅"，师徒、宾主之间用"参话头"的形式问答交谈，机锋禅语，慧光灵现。以茶论道，以茶播道，是径山茶宴的精髓所在。

如今的径山茶宴是我国古代茶宴礼俗的存续和传承，是径山寺接待贵客上宾时的一种大堂茶会，一般在明月堂主办。径山茶宴影响广泛，意义深远，不仅在我国佛教文化史、茶文化史和礼俗文化史上有着至高地位，也对当时和后世产生了广泛而深远的影响。

顾渚紫笋

早在唐代，顾渚紫笋便被陆羽论为"茶中第一"，是上品贡茶中的"老前辈"，因其鲜茶芽叶微紫，嫩叶背卷似笋壳，故而得名。

首屈一指的贡茶

顾渚山东临太湖，三面山峦连绵，云雾弥漫，气候温和。这种得天独厚的环境为紫笋茶创造了理想的生长条件。

顾渚紫笋的美名早在唐代就极负盛名。陆羽在《茶经》中写道："阳崖阴林，紫者上，绿者次，笋者上，芽者次"，高度评价了紫笋茶的品质。到了唐代宗时期，顾渚紫笋被列为贡茶。据县志记载：当时，朝廷在顾渚山下设有规模宏大的贡茶院，从事采制的人员在产茶期达到三万人。这座贡茶院也是中国历史上第一座"皇家茶厂"，顾渚紫笋由此源源不断地运往皇宫。"贡品茶"的历史一直延续到明代，长达600年之久，这在中国名茶中首屈一指。

知名度：★★★★
冲泡难易度：★★★
品茗最佳季节：夏季
养生功效：提神健胃、防龋齿、清肝明目、降血压

国色茶香

极品紫笋茶叶相抱似笋；上等茶芽挺嫩叶稍长，形似兰花。成品色泽翠绿，银毫明显；茶汤清澈明亮，叶底细嫩成朵。好的顾渚紫笋泡开以后外形依旧保持紧结，完整而灵秀。

茶韵悠悠

冲泡后的顾渚紫笋香气馥郁，茶味鲜醇，回味甘甜，有一种沁人心脾的感觉。

【叶底】
细暖嫩绿

【滋味】
甘醇鲜爽

【香气】
馥郁

【汤色】
明亮清澈

【色泽】
翠绿、
显白毫

【外形】
芽叶相抱、
形似兰花

安吉白茶

安吉白茶既是茶树的珍稀品种，也是茶叶的名贵品名。它是大自然赐予人类的珍贵物种，是由一种特殊的白叶茶品种中白色的嫩叶按绿茶的制法加工制作而成的绿茶。

如假包换的绿茶

听名字，很多人会觉得安吉白茶应该归属于白茶类，其实，安吉白茶属绿茶类，名字中的"白茶"与中国六大茶类中的"白茶"是两个概念。白毫银针指由绿色多毫的嫩叶制作而成的白茶；而安吉白茶是采用安吉县特有的珍稀茶树品种——安吉白茶茶树幼嫩的芽叶，按照绿茶的加工工艺制作而成的绿茶。

国色茶香

安吉白茶外形细秀，形如凤羽；颜色鲜黄活绿，光亮油润；冲泡杯中叶张，茎脉翠绿；汤色鹅黄，清澈明亮；叶肉玉白，叶脉淡绿。

知名度：★★★

冲泡难易度：★★★

品茗最佳季节：春夏

养生功效：调节血糖含量、降低胆固醇含量、降血压

茶韵悠悠

抿一小口，浅尝一下，茶汤中含有一丝清冷如"淡竹积雪"的奇逸之香。再看着幽雅的茶叶在杯子里面飘舞的状态，好像是高贵的玉兰花那样洁白和精致，这样一杯轻灵的茶水，你不想尝尝吗？

【叶底】
黄白似玉、筋脉翠绿

【汤色】
杏黄

【香气】
馥郁持久

【滋味】
鲜爽甘醇

【外形】
条索自然、形为凤羽

【色泽】
绿中透黄、色油润

开化龙顶

开化龙顶属于高山云雾茶，因其香气清幽、滋味醇爽、品质极优，而被评为优秀名茶。

无限风光在险峰

钱塘江源头的开化县，是浙、皖、赣三省七县交界的"中国绿茶金三角地区"。境内山如驼峰，水如玉龙。放眼四望，满目苍翠。此地"晴日遍地雾、阴雨满山云"，其绝佳的气候，孕育了白云深处那一丛丛的孤芳——开化龙顶。开化龙顶茶是选用高山良种茶树生长健壮的一芽一叶或一芽二叶为鲜叶原料，经传统工艺精制而成的。

国色茶香

开化龙顶属于高山云雾茶，其外形紧直挺秀、白毫披露、芽叶成朵。"干茶色绿，汤水清绿，叶底鲜绿"，此三绿为开化龙顶茶的主要特征。

知名度：★★
冲泡难易度：★★★
品茗最佳季节：夏季
养生功效：防衰老、防癌、抗癌、杀菌、消炎

茶韵悠悠

品龙顶茶宜以玻璃杯，用80℃左右开水冲泡（先水后茶）。只见芽尖从水面徐徐下沉至杯底，小小蓓蕾慢慢展开，绿叶呵护着嫩芽，片片树立杯中，栩栩如生。闻其幽香，啜其玉液，甘鲜醇爽，清高醉人。

【叶底】
成朵匀齐

【滋味】
鲜醇干爽

【香气】
鲜嫩清幽

【汤色】
杏绿清澈

【外形】
条索紧结挺直

【色泽】
银绿隐翠、白毫显露

绿扬春

若论新茶秀第一名，当属绿扬春。"绿扬春"的得名也很有意义："绿"取其茶叶泡制后呈现出的汤色，"扬"说明此茶为扬州特产，"春"象征此茶出自春光明媚的春天。

茶中新贵

对于接触茶不久的人来说，绿扬春这个名字或许不如其他名茶的名声响亮，甚至对这个名字有些陌生。绿扬春只有二十多年的生产历史，但随着生产工艺不断创新，茶质也不断提升，具有了自己独特的特色，特别是新茶，汤色和茶叶都绿得诱人。如今，绿扬春不仅被扬州当地的茶人们所认可，也逐渐被周边地区所接受。在全国茶叶评比中，绿扬春多次获得特等奖，可以说，绿扬春正成为茶中新贵，它完全具备了与其他名茶声名远扬的底气。

国色茶香

绿扬春茶形如新柳，翠绿秀气，叶底嫩匀。从客观上说，绿扬春在品质上毫不

知名度：★★
冲泡难易度：★★★
品茗最佳季节：夏季
养生功效：提神健胃、防龋齿、清肝明目、降血压

逊于西湖龙井、碧螺春等名茶，可以说各有特色。

茶韵悠悠

好的绿扬春汤色明亮带有淡淡花香，回甘好，口感不输西湖龙井。品一杯新鲜、醇爽的绿扬春，看着嫩绿明亮的汤色，闻到清鲜馥郁持久的茶香，仿佛听到了屋檐外的雨滴落到绿叶上的声音，春天忽然就在眼前。

【叶底】嫩绿匀齐

【滋味】鲜醇

【香气】高雅持久

【汤色】清澈明亮

【色泽】翠绿油润

【外形】纤细修长、形似新柳

南京雨花茶

中外游客到曾为六朝古都的南京观光，必购的有两件纪念品：一是圆润可爱的雨花石，一是清雅幽香的雨花茶。雨花茶因产于南京中华门外的雨花台而得名，其外形锋苗挺秀、犹如松针，象征着革命先烈坚贞不屈、万古长青的英雄形象。

多少楼台烟雨中

虽然雨花茶只有六十多年的历史，但是南京早在唐代就已种茶，不仅在陆羽的《茶经》中有记载，更有陆羽栖霞寺（南京）采茶的传说为证，今天的栖霞寺后山仍有试茶亭旧迹。至清代，南京种茶范围已扩大到长江南北。

新中国成立后，当地有关部门重新开始雨花茶的研制工作，并在 1959 年春创制成功，如今的雨花台辟有一千多亩葱郁碧绿的茶园，雨花茶以其清雅的茶名、独特的品质在我国绿茶中一枝独秀，颇具魅力。

知名度：★★

冲泡难易度：★★★

品茗最佳季节：夏季

养生功效：止渴清神、消食利尿、除烦去腻

国色茶香

雨花茶以紧、直、绿、匀为其特色，即形似松针，条索紧直，两端略尖，色呈墨绿，茸毫微显，绿透银光。

茶韵悠悠

冲泡后的雨花茶，芽芽直立，上下沉浮，犹如翡翠且清香四溢。品饮一口，滋味醇厚，回味甘甜，沁人肺腑，令人齿颊留芳。

【叶底】
嫩绿匀齐

【滋味】
鲜醇

【香气】
高雅持久

【汤色】
清澈明亮

【外形】
纤细修长、形似新柳

【色泽】
翠绿油润

都匀毛尖

据史料记载，早在明代，都匀产出的"鱼钩茶""雀舌茶"已被列为"贡品"进献朝廷。现如今的都匀毛尖茶在国内外市场都有盛誉，其品质优佳，形可与洞庭碧螺春并提，质能同信阳毛尖媲美。

黔南三大名茶之一

都匀毛尖产于贵州黔南布依族、苗族自治州的都匀县。以主产区团山乡茶农村的哨脚、哨上、黄河、黑沟、钱家坡所产品质最佳。这里山谷起伏，海拔千米，峡谷溪流，林木苍郁，云雾笼罩，冬无严寒，夏无酷暑，四季宜人，年平均降水量在一千四百多毫米。加之土层深厚，土壤疏松湿润，土质是酸性或微酸性，内含大量的铁质和磷酸盐，这些特殊的自然条件不仅适宜茶树的生长，而且也形成了都匀毛尖的独特风格。

知名度：★★★★
冲泡难易度：★★★
品茗最佳季节：夏季
养生功效：帮助消化、杀菌解毒、防止肠胃感染

国色茶香

都匀毛尖色泽翠绿、外形匀整、白毫显露、条索卷曲、汤色清澈、叶底明亮、芽头肥壮。

茶韵悠悠

都匀毛尖茶汤香气清鲜，滋味醇厚，回味甘甜。沸水一沏，茶叶在水中轻舞飞扬，汤色渐渐变成绿色，整个杯中都好像盛满了春天的气息。

【叶底】
匀整明亮

【滋味】
鲜浓、回味甘甜

【香气】
清高

【汤色】
清澈明亮

【外形】
条索紧结、纤细卷曲、披毫

【色泽】
绿润

中篇 读茶经·鉴名茶

105

恩施玉露

作为中国传统名茶，恩施玉露是我国历史上唯一保存下来的蒸青绿茶，创制于清代，加工工艺沿袭自唐朝的蒸青制茶工艺。

沿袭自《茶经》的古老工艺

《清一统志》记载：恩施"玉绿"被征为官衙礼品，进贡到朝廷，获当朝皇帝"胜似玉露琼浆"之盛赞。在恩施方言中，"露"与"绿"是同音字。于是，恩施"玉绿"渐渐演变成恩施"玉露"。

恩施玉露的制作工艺及所用工具相当古老，其加工延续唐朝陆羽《茶经》中的"蒸之、焙之……"工艺，创新了特殊的搓制手法。该茶选用叶色浓绿的一芽一叶或一芽二叶鲜叶经蒸汽杀青制作而成。恩施玉露对采制的要求很严格，芽叶须细嫩、匀齐。日本自唐代从我国传入茶种及制茶方法后，至今仍主要采用蒸青方法制作绿茶，其玉露茶制法与恩施玉露大同小异，品质各有特色。

知名度：★★★

冲泡难易度：★★★

品茗最佳季节：夏季

养生功效：提神健胃、防龋齿、清肝明目、降血压

国色茶香

恩施玉露条索紧细、圆直；外形白毫显露，色泽苍翠润绿，形如松针；汤色清澈明亮，叶底嫩绿匀整。

茶韵悠悠

经沸水冲泡后的恩施玉露，芽叶复展如生，初时婷婷地悬浮杯中，继而沉降杯底，平伏完整，汤色嫩绿明亮，如玉露；香气清爽，滋味醇和。观其外形，赏心悦目；饮其茶汤，沁人心脾。

【叶底】
绿亮匀整

【滋味】
醇和回甘

【香气】
清高

【汤色】
嫩绿明亮

【色泽】
苍翠润绿

【外形】
条索紧圆挺直、毫白显露

老竹大方

老竹大方，名字听起来着实透着一股大气，如同书法里闲闲一记中锋运笔，老到、精纯，却又大朴大拙，天真厚重。

大方里的隽永滋味

据《歙县志》记载，明代隆庆（1567-1572年）年间有一和尚大方，在徽州歙县老竹岭上创制大方茶。采制得法，制作精妙，其形平扁光滑似竹叶，色深绿如铸铁。1751年乾隆下江南时，茶农将此茶献给皇上，从此被作为宫廷贡品。由于此茶为僧大方在老竹岭所创制，故称"老竹大方"。

国色茶香

大方茶按品质分为顶谷大方和普通大方。其中顶谷大方为近年来恢复生产的极品名茶，其品质特点是：外形扁平匀齐，挺秀光滑，翠绿微黄，色泽稍暗，满披金毫，隐伏不露；汤色清澈微黄，香气高长，有板栗香，滋味醇厚爽口，叶底嫩匀，芽叶肥壮。

普通大方色泽深绿褐润，似铸铁，形如竹叶，故称"铁色大方"，又叫"竹叶大方"。

茶韵悠悠

捏一撮老竹大方放入玻璃杯中开泡，绿色的芽叶如花朵般在水中浮浮沉沉，此中似有真意。浅浅地嘬一口，这老竹大方的滋味，味香俱美，却也纯净自然，让人心无挂碍。人生中常有这些茶，你不常喝它，它却一直在那儿，不经意尝了，它一如既往地隽永、美好。老竹大方就是这样一种茶。

【叶底】
嫩匀、黄绿

【滋味】
浓醇爽口

【香气】
板栗香

【汤色】
淡黄

【色泽】
深绿褐润

【外形】
扁平匀齐

乌龙茶

品鉴要点

乌龙茶是中国七大茶类中，独具鲜明特色的茶叶品类。半发酵的乌龙茶兼具绿茶的清香和红茶的醇厚，茶性温和、香气馥郁，对降脂减肥、美容养颜有明显功效，有"美容茶"和"健美茶"之称。

🍵 辨香识韵

乌龙茶属于半发酵茶，色泽青褐如铁，又称青茶。乌龙茶叶体中间呈绿色，边缘呈红色，素有"绿叶红镶边"之美称。乌龙茶发酵度只有20%左右，所以既保留了绿茶的清香甘鲜，适度的发酵又使其具有红茶的浓郁芬芳的优点，取两家之长，从而也博得了更多人的喜爱。

因产地和品种不同，乌龙茶茶汤颜色从明亮的浅黄色、明黄色到非常漂亮的橙黄色、橙红色，干茶色越绿、发酵程度越轻，茶汤色越浅，反之干茶色越褐绿、褐红、乌润，茶汤色则越深。

一般的茶叶只冲泡三次，而乌龙茶香味悠长，可以冲泡更多的次数，所以乌龙茶有"七泡有余香"的美誉，品质好的乌龙茶甚至可以冲泡十次。乌龙茶品尝后齿颊留香，回味甘鲜。

🍵 制作工艺

乌龙茶制作工序概括起来可分为：萎凋、做青、炒青、揉捻、干燥，其中做青是形成乌龙茶特有品质特征的关键工序，是奠定乌龙茶香气和滋味的基础。

做青的过程是将萎凋后的茶叶置于摇青机中摇动，叶片互相碰撞，擦伤叶缘细胞，从而促进酶促氧化作用，茶叶发生了一系列生物化学变化。叶缘细胞的破坏，发生轻度氧化，叶片边缘呈现红色。叶片中央部分，叶色由暗绿转变为黄绿，即"绿叶红镶边"。

🍵 乌龙茶冲泡技巧

水温：95℃以上的沸水

投茶量：茶与水的比例为1(克茶):20~25(毫升水)

适用茶具：紫砂壶、盖碗，以便闻香和保香

🍵 基本分类

闽北乌龙：大红袍、铁罗汉、闽北水仙、武夷肉桂等
闽南乌龙：安溪铁观音、奇兰、本山乌龙、黄金桂等
广东乌龙：凤凰单枞、凤凰水仙、饶平乌龙
台湾乌龙：冻顶乌龙、文山包种等

🍵 鉴别乌龙茶

优质乌龙茶的特征	
外形	条索结实肥重、卷曲。
色泽	色泽砂绿乌润或青绿油润。
香气	有花香。
汤色	汤色橙黄或金黄、清澈明亮。
滋味	茶汤醇厚、鲜爽、灵活。
叶底	绿叶红镶边，即叶脉和叶缘部分呈红色，其余部分呈绿色，绿处翠绿稍带黄，红处明亮。

劣质乌龙茶的特征	
外形	条索粗松、轻飘。
色泽	呈乌褐色、褐色、赤色、铁色、枯红色。
香气	有烟味、焦味或青草味及其他异味。
汤色	汤色泛青、红暗、带浊。
滋味	茶汤淡薄，甚至有苦涩味。
叶底	绿处呈暗绿色，红处呈暗红色。

🍵 茶叶功效

　　乌龙茶除了与一般茶叶具有提神益思、消除疲劳、生津利尿、解热防暑、杀菌消炎、解毒防病、消食去腻、减肥健美等保健功能外，还突出表现在防癌症、降血脂、抗衰老等特殊功效。

安溪铁观音

因茶与佛有缘，所以自古茶禅一味，以铁观音为首。此茶产于福建，却广为东西南北人所喜爱，真是"千处祈求千处应，苦海常作渡人舟"。

可以喝的香水

铁观音的精髓就在于它的香，兼有红茶之甘醇与绿茶之清香，还伴有兰香，因为铁观音茶山同时也有兰花生长。相传，安溪铁观音当年传至欧洲，欧洲皇室对茶叶的香气非常着迷，称呼它为"可以喝的香水"，希望拥有茶香这种神奇高贵的香气。

国色茶香

铁观音是乌龙茶中的极品，其茶条卷曲，肥壮圆结，沉重匀整，色泽砂绿，整体形状似蜻蜓头、螺旋体、青蛙腿。冲泡后汤色金黄浓艳似琥珀，有天然馥郁的兰花香，滋味醇厚甘鲜，回甘悠久，俗称有"音韵"。

知名度：★★★★★
冲泡难易度：★★★★
品茗最佳季节：秋季
养生功效：延缓衰老、减肥美容、防癌症、降低胆固醇，减少心血管疾病

茶韵悠悠

品饮铁观音，应呷上一小口含在嘴里，不要马上咽下，舌根轻转，使茶汤在口腔中翻滚流动，然后再慢慢送入喉中。饮量虽不多，但能齿颊留香，喉底回甘，韵味无穷。任清清浅浅的甘甜在舌间荡漾开，之后，深吸一口气，余香满口。

【叶底】
软亮、肥厚红边

【滋味】
醇厚甘鲜、回甘悠长

【香气】
浓馥持久、富兰花香

【汤色】
金黄明亮

【外形】
肥壮圆结、沉重匀整

【色泽】
砂绿油润、红点鲜艳

制茶有道

安溪铁观音的制作综合了红茶发酵和绿茶不发酵的特点，属于半发酵的品种，采回的鲜叶力求完整，然后进行凉青、晒青和摇青。

摇青是制作铁观音的重要工序，通过摇笼旋转，叶片之间产生碰撞，叶片边缘形成擦伤，从而激活了芽叶内部酶的分解，产生一种独特的香气。就这样转转停停、停停转转，直到茶香自然释放，香气浓郁时进行杀青、揉捻和包揉，茶叶卷缩成颗粒后再进行文火焙干，最后还要经过筛分、拣剔，制成成茶。

如何选购

观形：优质铁观音茶条卷曲、壮结、沉重，呈青蒂绿腹蜻蜓头状，色泽鲜润，砂绿显，红点明，叶表带白霜。这是优质铁观音的重要特征之一。

听声：优质铁观音较一般茶叶紧结，叶身沉重，取少量茶叶放入茶壶，可闻"当当"之声，其声清脆者为上，声哑者为次。

察色：汤色金黄、浓艳清澈，茶叶冲泡展开后叶底肥厚明亮（铁观音茶叶特征之一，叶背外曲），具绸面光泽，此为上，汤色暗红者次之。

家庭存茶

一般来说，家庭购买的铁观音基本上是采用了真空压缩，每包 7 克的包装，并附有外罐的。如果短期（20 天之内）就会喝完的，一般只需放置在阴凉处，避光保存即可。如果想达到保存的最佳效果，建议在冰冻箱里零下 5℃保鲜，以半年内喝完为佳。

🍵 泡茶准备

适宜茶具	紫砂壶、盖碗
水温	95℃以上的沸水
茶水比例	1（克茶）：20~25（毫升水）
冲泡方法	盖碗冲泡

🍵 备盏

茶盘、茶荷、茶道六用、盖碗、滤网、品茗杯、公道杯。

🍵 冲泡

❶ **准备：** 将足量水烧至沸腾。将适量铁观音拨入茶荷中备用。

❷ **温杯：** 注入热水温烫盖碗，并将盖碗中的水倒入公道杯中，再将水倒入品茗杯中温杯。

❸ **投茶：** 用茶匙将茶荷中的茶拨入盖碗中，投茶量约为杯子的1/2。

> **冲泡要领**
>
> 　　用盖碗冲泡铁观音优点是简单、易操作，缺点是瓷器传热快，容易烫手。建议初学者还是用紫砂壶冲泡为宜。

跟着**茶**经学泡茶

❹ **润茶**：将烧好的开水冲入盖碗中，并将盖碗中的水迅速倒入公道杯，再将公道杯中的水倒入品茗杯，最后将杯中的水倒入茶盘。

❺ **冲泡**：高冲水，冲至茶汤刚溢出杯口。

❻ **刮沫**：用杯盖刮去杯口漂浮的白泡沫，再用开水冲掉杯盖上的浮沫，盖好杯盖。

❼ **出汤**：泡一两分钟后将盖碗中的茶倒入公道杯中。

❽ **分茶**：把茶水依次巡回注入各茶杯分茶，使每杯茶汤浓淡一致，即关公巡城。再把茶汤精华依次点到各个茶杯中，称为韩信点兵。

茶博士小课堂

关公巡城和韩信点兵

在分茶汤时，为使各个小茶杯浓度均匀一致，使每杯茶汤的色泽、滋味尽量接近，做到平等待客、一视同仁。为此，先将各个小茶杯，或"一"字，或"品"字，或"田"字排开，采用来回提壶洒茶，称之为"关公巡城"。

又因为留在茶壶中的最后几滴茶往往是最浓的，是茶汤的精华部分，所以要分配均匀，以免各杯茶汤浓淡不一，最后还要将茶壶中留下几滴茶汤，分别一滴一杯，一一滴入到每个茶杯中，称为"韩信点兵"。

武夷大红袍

武夷大红袍，因早春芽萌发时，远望通树艳红似火，仿若红袍披树，因而得名。大红袍是中国茗苑中的"奇葩"，武夷岩茶之首，堪称国宝。

🍵 稀世珍宝母树大红袍

很多人以为真正的大红袍指的是大红袍母树所产的茶。要知道，如今生长在武夷山九龙窠峭壁上、仅有的6株母树大红袍，树龄已经有三百多年历史，是稀世珍宝，已被列入世界自然与文化遗产，从2006年开始就休采。因此现在市面上买到的大红袍茶，根本就没有从母树上采下的。

尽管如此，并不意味着我们现在喝的大红袍茶是假的。在今天，人们运用无性繁殖的方式，已成功地发展了数百亩与母树同样性状特征的大红袍茶。只要具备与母本同样的性状特征，不管是二代、三代，甚至二十代，都与母本具有同样的品种意义。因此，所有从母本繁殖的大红袍茶，都是真的大红袍茶。

知名度：★★★★★
冲泡难易度：★★★★
品茗最佳季节：秋季
养生功效：抗衰老、抗辐射、抗癌防癌、降血脂、降血压

🍵 国色茶香

大红袍外形条索紧结，色泽绿褐鲜润，冲泡后汤色橙黄明亮，叶片红绿相间，典型的叶片有绿叶红镶边之美感。

🍵 茶韵悠悠

品饮大红袍时要啜吸，即把杯子放在嘴边，和着一些空气吸进口腔，让空气带动茶汤在口腔翻滚，这样能更好地感受"不如仙山一啜好,冷然便欲乘风飞"的特殊"岩韵"。还可以呼出一口气，让香气在鼻腔里回荡，最后再入喉，喝几杯就会有回甘。

【叶底】
软亮、
边红中绿

【滋味】
甘泽清醇

【香气】
桂花香

【汤色】
金红清澈

【外形】
条索匀整、
壮实

【色泽】
绿褐鲜润

制茶有道

大红袍制作工艺复杂，时间冗长。传统的工艺有倒（也叫晒）、晾、摇、抖、撞、炒、揉、初焙、簸、拣、复火、分筛、归堆、拼配等十多道工序。关键的制茶师傅要会"看青做青""看天做青"，这是电脑也难以为之的。

随着产业化、集约化的发展，武夷山茶厂大多已改用机器制茶，但是其机制原理仍和传统工艺相承、相通。

如何选购

大红袍色呈黑红，比铁观音色重，外形条索肥壮、紧结、匀整、带扭曲条形，俗称"蜻蜓头"；叶背起蛙皮状沙粒，俗称"蛤蟆背"；滋味醇厚回苦，入口清爽，汤色橙黄，清澈艳丽；叶底匀亮，边缘朱红或起红点，中央叶肉黄绿色，叶脉浅黄色。大红袍品质最突出之处是香气浓郁，高而持久，"岩韵"明显。大红袍很耐冲泡，冲泡七八次仍有余香。假茶开始冲泡就味淡，欠韵味，色泽枯暗。

家庭存茶

准备长期保存的大红袍不要开封，再加一两层纸箱包装，封口处用胶带纸密封，置于干燥阴凉处。

大红袍茶的条索肥壮易碎，不宜使用真空包装，一般采用硬质包装，内袋用铝箔袋或者塑料袋包装比较好。每次取茶后，要将袋口扎紧，避免茶叶的香气受损，或者买些密封性能好的不锈钢茶叶罐或锡罐存放。

茶博士小课堂

岩韵到底是指的什么？

茶之韵味，主要指"喉韵"。品饮好茶，茶汤香味给人以齿颊留香，舌本甘润，醇厚鲜爽，回味幽长的感觉。岩茶喉韵称"岩韵"，岩韵锐则浓长，清则幽远，滋味浓而愈醇，鲜滑回甘。所谓"品具岩骨花香之胜"即指此意境。

泡茶准备

适宜茶具	紫砂壶、盖碗
水温	95℃以上的沸水
茶水比例	1（克茶）：20~25（毫升水）
冲泡方法	壶泡法

备盏

紫砂壶、公道杯、滤网、品茗杯、茶荷、茶道六用、茶盘。

冲泡

① 准备： 先将足量水烧至沸腾。将适量大红袍拨入茶荷。

② 温具： 向壶中注入沸水温壶。将温壶的水倒入公道杯中，温公道杯。再将公道杯中的水倒入品茗杯中，温品茗杯。

③ 投茶： 将茶漏放在壶口处，用茶匙将大红袍拨入壶中。

冲泡要领

① 大红袍是条索形茶，占的体积较大，投茶量应为壶容积的 2/3 到 4/5。

② 在投茶的壶口放置茶漏，目的是防止茶叶外溢。

③ 润茶时，水要快进快出。一般来说，润茶时间不宜超过 10 秒钟，5 秒钟内出水为佳。基本原则是宁淡勿浓，先淡后浓。依此方法冲泡，基本上就能冲泡出大红袍的韵味。

跟着茶经学泡茶

❹ **润茶：** 倒入半壶开水，并迅速将润茶的水倒入公道杯中。

❺ **冲泡：** 高冲水至满壶，直到茶汤刚刚溢出壶口。

❻ **刮沫：** 用壶盖轻轻刮去壶口漂浮的浮沫，盖好壶盖。

❼ **淋壶：** 用公道杯内的茶汤淋壶。

❽ **温杯：** 将温杯的水倒入茶盘中，并将品茗杯放回原处。

❾ **出汤：** 淋壶后约半分钟，将泡好的茶汤倒入公道杯中。

❿ **分茶：** 将公道杯中的茶汤均匀地分到每个品茗杯中。

冲泡要领

　　武夷岩茶的冲泡讲究的是高冲水低斟茶，目的是让所投的岩茶充分浸泡。每泡茶出水一定要透彻，否则会影响下一泡的茶汤。

冻顶乌龙

提到台湾茶,最耳熟能详的当属冻顶乌龙茶了。冻顶乌龙的产品等级分为特选、春、冬、梅、兰、竹、菊。

南冻顶、北文山

所谓"包种茶",其名源于福建安溪,当地茶店售茶均用两张方形毛边纸盛放,内外相衬,放入茶叶4两,包成长方形四方包,包外盖有茶行的商标,然后按包出售,称之为"包种"。台湾包种茶属轻度或中度发酵茶,亦称"清香乌龙茶"。

冻顶乌龙茶是台湾包种茶的一种,包种茶按外形不同可分为两类,一类是半球形包种茶,以冻顶乌龙茶为代表;一类是条形包种茶,以文山包种茶为代表。有"南冻顶、北文山"之美誉。

国色茶香

冻顶乌龙外观紧结,呈条索状,墨绿色带有光泽;茶汤清澈,呈蜜黄色,香气清纯,

知名度:★★★★★
冲泡难易度:★★★★★
品茗最佳季节:秋季
养生功效:防癌、降低胆固醇、降血脂、抗衰老

具有花香,滋味甘醇浓厚,汤色黄绿明亮,耐冲泡。

茶韵悠悠

冻顶乌龙初入口时圆滑甘润,饮后口颊生津、喉韵幽长。初品和一般优质乌龙茶并无二样,只是味道更醇厚一点而已,但随着茶汤入喉,甘爽、芳香的滋味便马上升腾而起,回荡在整个口腔、脏腑,清香中包裹着一种极为舒心的味道,让人越喝越觉得妙不可言。

【叶底】绿叶红镶边

【滋味】浓醇甘爽　【香气】清香持久　【汤色】橙黄透亮

【色泽】墨绿油润　【外形】条索紧结、匀整,卷曲成半球

制茶有道

冻顶乌龙其制作过程分初制与精制两大工序。初制以做青为主要程序。做青经轻度发酵，将采下的茶菁在阳光下暴晒 20~30 分钟，使茶菁软化，水分适度蒸发，以利于揉捻时保护茶芽完整。萎凋时应经常翻动，使茶菁充分吸氧产生发酵作用，待发酵到产生清香味时，即进行高温杀青。随即进行整形，使条状定形为半球状，再经过风选机将粗、细、片完全分开，分别送入烘焙机高温烘焙，以减少茶叶中的咖啡碱含量。

如何选购

优质冻顶乌龙茶色泽墨绿鲜艳并有灰白点状的青蛙皮斑，条索紧结弯曲；叶底边缘有红边，叶中部分呈淡绿色；冲泡后汤色呈橙黄色。有明显清香，近桂花香。汤醇厚甘润，回甘强。

次品色泽带黄或呈黑褐色、形状粗松或稍弯而不卷曲；叶底边缘无红色，叶有断碎，或多呈暗褐色；冲泡后汤色暗黄或淡黄。汤味缺乏甘醇且带苦涩，回甘弱。水性短。

家庭存茶

冻顶乌龙茶保存最基本的要求是干燥和低温（一般 0℃~5℃），夏季可以将密封好的冻顶乌龙放入冰箱内保存。如果不放入冰箱，可以放在干燥阴凉处保存。保存冻顶乌龙的容器以锡瓶、瓷坛、有色玻璃瓶为佳，塑料袋和纸盒的保存效果则较差。

泡茶准备

适宜茶具	紫砂壶、盖碗
水温	95℃以上的沸水
茶水比例	1（克茶）：20~25（毫升水）
冲泡方法	壶泡法

备盏

茶盘、茶道六用、紫砂壶、公道杯、过滤网、茶荷、茶巾、闻香杯、品茗杯、杯托。

冲泡

①准备：先将足量水烧至沸腾。将适量冻顶乌龙拨入茶荷中。

②温具：向壶中注入沸水温壶。温公道杯。用茶夹温闻香杯后，将水倒入品茗杯。

冲泡要领

冲泡冻顶乌龙茶使用的是台湾的泡茶方法，使用的茶具较多，比如多了闻香杯。细长的闻香杯有助于更好地欣赏茶的本色和原味真香。

❸ 投茶：将茶漏放在壶口，用茶匙把茶荷中的干茶轻轻拨入紫砂壶中。

❹ 润茶：冲水入壶。再迅速将水倒入公道杯中。

❺ 冲泡：再冲水入壶至茶汤溢出。

❻ 刮沫：用壶盖向内轻轻刮去壶口表面处的浮沫，并盖好壶盖。

❼ 淋壶：将公道杯中的茶汤淋于壶身。

❽ 温杯：将温品茗杯的水倒入茶盘，用茶巾拭净，并放回原处。

❾ 出汤：淋壶后约 30 秒钟将茶汤倒入公道杯中，控净茶汤。

❿ 分茶：将公道杯内的茶汤均匀分到每个闻香杯中。

⑪ **扣杯**：将品茗杯扣到闻香杯上。双手食指抵住闻香杯底，拇指按住品茗杯快速翻转。

⑬ **闻香**：拿起闻香杯将茶汤倒入品茗杯中，双手持闻香杯闻香。

⑫ **敬茶**：双手持杯托将泡好的茶奉给客人。

⑭ **品饮**：品茶。

茶博士小课堂

"客来敬茶"的习俗

　　客来敬茶，自古以来是我国重情好客的礼俗。晋代王濛的"茶汤敬客"、陆纳的"茶果待客"、桓温的"茶果宴客"，至今仍传为佳话。宾客临门，一杯香茗，既表达了对客人的尊敬，又表示了以茶会友、谈情叙谊的至诚心情。

　　同时，饮茶的地点应尽可能打扫得干净；选择的茶具和用水必须清洁卫生；茶叶的选择必须是家中所存茶叶中的上品。如为极品，还应事先向客人介绍一下此茶的来由和特点，以引起客人对此茶的兴趣。饮茶时，主人有时亦可配上一些糖果点心，以助雅兴。

武夷铁罗汉

据说，武夷山的茶农于岩凹、石隙、石缝，沿边砌筑石岸种茶，"岩岩有茶，非岩不茶"，武夷岩茶因而得名。铁罗汉为武夷岩茶的一种，是以福建武夷山慧苑内鬼洞的名丛铁罗汉鲜叶制成的乌龙茶。

最早的武夷名丛

铁罗汉是最早的武夷名丛，相传宋代已有铁罗汉名，主要分布在武夷山内山（岩山）。由于铁罗汉树长在岩石间，使得它的成分及滋味特别，从元明以来为历代皇室贡品。

铁罗汉茶树生育能力强，发芽较密，持嫩性强，制作出的岩茶品质优，香气浓郁，滋味醇厚，有明显"岩韵"特征，饮后齿颊留香，经久不退。因为抗寒性与抗旱性强，现在武夷山已经大面积栽培种植。

国色茶香

铁罗汉干茶色泽绿褐油润带宝色，条索粗壮紧结匀整，乍看似水仙。香气浓郁幽长；汤色清澈艳丽，呈深橙黄色；叶底软亮匀齐，红边带朱砂色。兼具花果香者为上品。

> 知名度：★★★★
> 冲泡难易度：★★★★
> 品茗最佳季节：秋季
> 养生功效：防癌抗癌、帮助消化、杀菌解毒

茶韵悠悠

喝岩茶，循序渐进才能渐入佳境。刚冲泡出来的铁罗汉，喝着不如闻着香。稍冷一点，滋味就丰富起来。入口很淡，淡中有一点点涩，就像抿着一口香气，涩味推到舌根，微微有些苦，咽下去，滋味消失，然后慢慢地回泛上来清甜的感觉。呼吸之间，疏淡幽远的香气慢慢地从鼻腔中发散出来，口齿之间也全沁着香气。

【叶底】
软亮微红

【滋味】
浓醇

【香气】
浓郁鲜锐

【汤色】
橙红明亮

【色泽】
乌褐、
红斑显

【外形】
条索匀整、
紧结、
粗壮

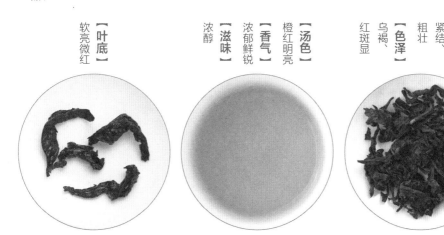

白鸡冠

白鸡冠作为武夷岩茶四大名丛（大红袍、铁罗汉、白鸡冠、水金龟）之一，因产量稀少，一直被蒙上一层"犹在深闺人未识"的神秘面纱。

仙风道骨

白鸡冠是武夷山唯一的"道茶"，与道家渊源颇深。武夷山在道家眼里是三十六洞天的第十六洞天，白鸡冠正是以其独特的调气养生功效成就了第十六洞天"道茶"之尊的地位，从而登上四大名丛的金榜。

白鸡冠也是所有岩茶中最具辨识度的，长在茶树上时辨识度就很高，它的叶片是嫩黄色的，远远望去，仿佛一条金色的丝带飘在绿色的茶园里。行走在茶山，你也许未必能一眼认出铁罗汉、水金龟的茶树，可一下就能认出白鸡冠那抹醒目的嫩黄色。制作成茶后，白鸡冠嫩黄色的外观特点依旧明显。

知名度：★★
冲泡难易度：★★★★
品茗最佳季节：秋季
养生功效：行气通脉、明目益思、抗癌防癌

国色茶香

白鸡冠干茶有淡淡的玉米清甜味，条索较紧结，一部分是黄绿色，一部分嫩得呈砂绿，可以见到红点；香气清纯幽雅、香高持久，茶味清纯顺口，回甘清甜持久。

茶韵悠悠

不同于其他岩茶的阳刚、霸道，白鸡冠性情温和、内敛，自始至终保持一份矜持和柔顺，无论是口感还是香味都比较柔和，容易上口。看似平淡而有内在的底蕴，令人陶醉。

【叶底】
嫩匀、红边显现

【滋味】
滋味醇厚、齿颊留香

【香气】
悠长

【汤色】
橙黄明亮

【外形】
条索紧结

【色泽】
绿里透红

水金龟

水金龟是武夷岩茶四大名丛之一，产于武夷山区牛栏坑社葛寨峰下的半崖上，因茶叶浓密且闪光，模样宛如金色之龟而得名。

"岩骨"自有梅花香

乾隆皇帝曾赋诗"就中武夷品最佳，气味清和兼骨鲠"，可谓切中岩茶之妙。岩茶的"岩骨花香"水金龟得到的内涵最多，和大部分岩茶的兰花香不同，水金龟最值得赞赏的是它有一股梅花香。梅香重在一个"清"字，那来自苦寒磨砺、傲骨天成的几分清高中，有白雪红梅的诗意，又有俏也不争春的烂漫，令人咂舌回味，婉转悠长。

国色茶香

水金龟干茶外形条索肥壮，自然松散；色泽青褐润亮呈"宝光"，因茶叶浓密且闪光，模样宛如金色之龟而得此名。汤色橙黄清澈；叶底肥厚匀齐，红边带朱砂色。

知名度：★★★
冲泡难易度：★★★★
品茗最佳季节：秋季
养生功效：抗癌防癌、明目益思、防辐射、抗衰老

茶韵悠悠

水金龟有很强烈的岩骨花香，冲泡后需趁热品饮。啜一小口便韵味回转，唇齿留芳，之后回甘绵绵不绝。如果一至六泡冷却之后饮之，入口有涩，随之回甘，喉底浮上香味来，满身舒坦，精神倍增。

【叶底】
肥厚匀齐，红边带朱砂色

【滋味】
浓厚甘鲜、似腊梅花香
润滑爽口

【香气】
悠长清远、似腊梅花香

【汤色】
橙黄清澈

【外形】
条索肥壮、自然松散

【色泽】
绿褐油润呈宝色

武夷肉桂

武夷山悠久的历史文化、丰富多样的茶叶品种以及不同风格的制茶工艺，造就了武夷岩茶的博大精深，让无数爱茶人痴迷于此。近两年十分火爆的肉桂，也是武夷名丛之一。

香不过肉桂

武夷肉桂，又称玉桂，由于它的香气滋味有似桂皮香，所以在习惯上称"肉桂"。清代蒋衡的《茶歌》中，对肉桂茶的独特品质特征有很高的评价，指出其香极辛锐，具有强烈的刺激感："奇种天然真味好，木瓜徽釅桂徽辛，何当更续歌新谱，雨甲冰芽次第论"。

"香不过肉桂"，一直是武夷肉桂对外的宣传名片。所以很多人先入为主地认为，肉桂的香气要越浓越好。其实不然，纯净馥郁的果香、细腻幽长的花香，这些才是肉桂香气好的表现。

知名度：★★★★★

冲泡难易度：★★★★

品茗最佳季节：秋季

养生功效：降血脂、清心明目、提神消乏

国色茶香

武夷肉桂外形条索匀整卷曲；色泽褐禄，油润有光；干茶嗅之有甜香；茶汤橙黄清澈，叶底匀亮，呈淡绿底红镶边，冲泡六七次仍有"岩韵"的肉桂香。

茶韵悠悠

冲泡后的肉桂茶汤具有奶油、花果、桂皮般的香气，入口醇厚，回甘很快，咽后齿颊留香。

【叶底】黄亮、红边显

【滋味】鲜滑甘润

【香气】桂皮香

【汤色】橙黄清澈

【色泽】青褐鲜润

【外形】条索匀整、紧结、壮实

🍵 制茶有道

武夷肉桂须选择晴天采茶，等新梢伸育成驻芽，顶叶呈中开面时，采摘二三叶，俗称"开面采"。不同地形、不同级别的新叶，应分别付制，采取不同的技术和措施。现今制作，仍沿用传统的手工做法，鲜叶经萎凋、做青、杀青、揉捻、烘焙等十几道工序。鲜叶萎凋适度，是形成香气滋味的基础，做青是岩茶品质形成的关键。做青时须掌握重萎轻摇，轻萎重摇，多摇少做，先轻后重，先少后多，先短后长、看青做青等十分严格的技术程序。近年来做青多以滚洞式综合做青机进行。

🍵 如何选购

品质好的肉桂干茶油润有光泽，品质差的干茶颜色暗淡。高香是肉桂的特点，优质肉桂香气高但不刺鼻，闻起来很舒服。优质肉桂汤色橙黄透亮，品质差的则汤色浑浊。优质肉桂的叶底，润泽似绸缎般有光泽，可以见到清晰的蛤蟆背，叶底鲜活、软亮，颜色匀整。

🍵 家庭存茶

保存武夷肉桂最基本的要求是干燥和低温，温度一般控制在 0℃ ~5℃ 之间，可以较长时间保持原香。可以将密封好的肉桂放入冰箱内保存，如果不放入冰箱，则需放在干燥阴凉处。

茶博士小课堂

"全肉宴"

茶人们口中常说的牛肉、马肉，并不是动物的肉，而是某个山场肉桂的简称。

牛肉，是牛栏坑肉桂的简称。

马肉，是马头岩肉桂的简称。

鬼肉，是鬼洞肉桂的简称。

龙肉，九龙窠肉桂的简称。

猪肉，竹窠肉桂的简称。

心头肉，天心岩肉桂的简称。

虎肉，虎啸岩肉桂的简称。

狮肉，青狮岩肉桂的简称。

鹰肉，鹰嘴岩肉桂的简称。

要是能喝到"全肉宴"，那对茶友来说可是一种享受，标榜的是一种段位。

中篇—读茶经，鉴名茶

闽北水仙

闽北水仙茶产于千年古茶都和中国贡茶之乡的建瓯，经历岁月的风霜，有着丰富深刻的文化内涵和成熟的迷人韵味。作为闽北乌龙茶中两个花色品种之一，闽北水仙品质别具一格，可与铁观音匹敌。

醇不过水仙

武夷山茶区，素有"醇不过水仙，香不过肉桂"的说法。水仙的醇，有着明显的甘、鲜感和很强的滑爽感，最重要的是留味长久。

闽北水仙原产于百余年前闽北之建阳县水吉乡大湖村一带。现主要产区为建殴、建阳两县。如今闽北水仙的产量已占闽北乌龙茶的 60%~70%，具有举足轻重的地位，并获得越来越多的人的青睐。

国色茶香

闽北水仙成茶条索沉重，叶端扭曲，色泽油润暗砂绿，呈"青蛙腿"状；香气浓郁，具兰花清香，滋味清醇回甘，汤色清澈橙黄，

知名度：★★★★
冲泡难易度：★★★★
品茗最佳季节：秋季
养生功效：消脂减肥、降低胆固醇、防癌抗癌

叶底厚软黄亮，叶缘朱砂红边或红点，即"三红七青"。

茶韵悠悠

闽北水仙香气清高悠长，品饮时可以好好感受那有着大家闺秀般温文尔雅的兰花香。品过一杯水仙茶，那种美好的茶香滋味会在齿颊间保留相当一段时间，挥散不去。

【叶底】
叶底黄绿，显红边

【滋味】
醇厚回甜

【香气】
浓郁鲜锐、有兰花香

【汤色】
橙黄清澈

【色泽】
砂绿油润

【外形】
条索紧结，传统为条形茶，现在有颗粒状茶

🍵 制茶有道

闽北水仙的春茶采摘在每年的谷雨前后进行，采摘驻芽第三四叶。制茶过程与一般乌龙茶基本相似，采用萎凋、做青、杀青、揉捻、初焙、包揉、足火等几道工序。由于水仙叶肉肥厚，做青时必须根据叶厚水多的特点，以"轻摇薄摊，摇做结合"的方法灵活操作。在全部工艺中，包揉工序为做好水仙茶外形的重要工序，优质的水仙茶讲求揉至适度，最后以文火烘焙至足干。

🍵 如何选购

闽北水仙与其他水仙的区别在于：条索较紧结，叶端稍扭曲，色泽较油润，间带砂绿蜜黄。叶主脉宽黄扁；叶底欠肥厚，但软黄亮、较匀整，绿叶红镶边较明显。

🍵 家庭存茶

可将密封好的水仙放在干燥阴凉处保存。

茶博士小课堂

水仙品种，适制乌龙茶。但因水仙产地不同，命名也有不同。闽龙产区用福建水仙种，按闽北乌龙茶采制技术制成的条形乌龙茶，称闽北水仙。武夷山所种的水仙种，约在光绪年间传入，其成茶称武夷水仙。闽南永春产地以福建水仙种，按闽南乌龙茶采制而成的称闽南水仙。广东饶平、潮安用原产于潮安凤凰山的凤凰水仙种，制成的条形乌龙茶称凤凰水仙。

中篇 读茶经，鉴名茶

129

永春佛手

茶叶以佛手命名，不仅因为它的叶片和佛手柑的叶子极为相似，而且因为制出的干毛茶冲泡后散出如佛手柑所特有的奇香。

佛手茶的由来

相传很久以前，闽南骑虎岩寺的一位和尚，天天以茶供佛。有一日，他突发奇想：佛手柑是一种清香诱人的名贵佳果，要是茶叶泡出来有佛手柑的香味多好啊！于是他把茶树的枝条嫁接在佛手柑上，经精心的培植，终获成功，这位和尚高兴之余，把这种茶取名"佛手"，清康熙年间传授给永春师弟，附近茶农竞相引种得以普及，有文字记载："僧种茗芽以供佛，嗣而族人效之，群踵而植，弥谷被岗，一望皆是"。

在福建乌龙茶中，永春佛手不是一个大品种，却能以其甘醇清舒的感官之美，以及宽胃通气的特殊保健功能而独树一帜，得到越来越多人的喜爱。

知名度：★★★★
冲泡难易度：★★★★
品茗最佳季节：秋季
养生功效：抗癌、减肥、降血脂、提神醒脑、开胃健脾

国色茶香

佛手茶条紧结肥壮，卷曲，色泽砂绿乌润，耐冲泡，汤色橙黄清澈。

茶韵悠悠

冲泡后的永春佛手茶滋味醇厚、回味甘爽，就像屋里摆着几颗佛手、香橼等佳果所散发出来的绵绵幽香，沁人心脾。

【叶底】
柔软黄亮

【滋味】
甘醇

【香气】
馥郁悠长，近似香橼香

【汤色】
橙黄明亮

【色泽】
砂绿油润

【外形】
肥壮重实、呈蚝干状

黄金桂

黄金桂是用黄旦茶树品种嫩梢制成的乌龙茶，此茶香气特别高，售价亦高，因此在茶叶市场上有"黄金贵"之称。

一早二奇清明茶

黄金桂香气特别高，在产区有"一早二奇"之誉。早，是指萌芽得早，采制早，上市早；奇是指成茶的外形"细、匀、黄"，条索细长匀称，色泽黄绿光亮；内质"香、奇、鲜"，即香高味醇，奇特优雅，因而素有"未尝清甘味，先闻透天香"之称。

在所有的乌龙茶中，黄金桂是出芽时间最早的一种。因为在清明时节采集，所以也被称为"清明茶"。一般4月中旬采摘，比铁观音早12~18天。采摘标准为，新梢形成驻芽后，顶叶呈小开面或中开面时采下二三叶。过嫩则成茶香低味苦，过老则味淡薄。

知名度：★★★
冲泡难易度：★★★★
品茗最佳季节：秋季
养生功效：减肥、降血脂、提神醒脑、开胃健脾、防癌抗癌

国色茶香

黄金桂茶条索紧细，色泽润亮；汤色金黄明亮，叶底中央黄绿，边缘朱红，柔软明亮。

茶韵悠悠

黄金桂冲泡片刻后可闻香，茶汤鲜醇爽口；饮后稍有回甘，耐冲泡。

【叶底】黄绿色、红边明显、柔软明亮

【滋味】清醇鲜爽

【香气】幽雅鲜爽

【汤色】金黄明亮

【外形】紧细卷曲、匀整

【色泽】金黄油润

凤凰单枞

凤凰茶属于独特的潮州"工夫茶"，是"潮人习尚风雅，举措高超"的象征，也形成了很有特色的潮州茶文化。

风韵独特的凤凰茶

凤凰单枞茶千姿百媚，具有丰韵独特的品质，是由历代茶农沿用传统工艺，精心制作而成。宋种1号是凤凰茶区现存最古老的一株茶树，生长在海拔约1150米的乌岽李仔坪村，树龄在600年以上。该株系已经有批量扦插繁殖，形成宋种1号的无性繁殖后代。茶丛韵味独特，回甘力强，耐冲泡，是单枞中的佼佼者。清明后采摘，制成毛茶后，精制需15天左右，经退火熟化才可上市。

知名度：★★★★
冲泡难易度：★★★★
品茗最佳季节：秋季
养生功效：提神益思、生津止渴、消滞去腻、减肥美容

叶红镶边"之称。好的凤凰单枞茶颜色黄褐，偏黑者次之。春冬两季单枞最好，尤以春茶叶底柔软细腻、茶香浓郁为最佳；夏秋茶次之。

国色茶香

凤凰单枞茶条索粗壮，匀整挺直，色泽黄褐，油润有光，并有朱砂红点；汤色清澈黄亮，叶底边缘朱红，叶腹黄亮，素有"绿

茶韵悠悠

凤凰单枞的品饮要分三口进行，"三口方知味，三番才动心"，茶汤甘芳润喉，令人回味无穷。

【叶底】
绿腹红边

【滋味】
甘醇爽口

【香气】
浓郁花香

【汤色】
深黄明亮

【外形】
挺直肥硕

【色泽】
黄褐油润

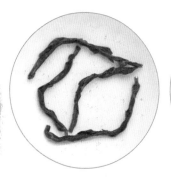

文山包种

文山包种茶历史悠久,是我国台湾省北部茶类的代表,素有"露凝香""雾凝春"的美誉,被誉为茶中珍品。

第一清茶

在乌龙茶中,文山包种茶的"发酵"程度最低,也被称为"第一清茶"。文山包种茶的加工中,"发酵"目的是使叶子中所含儿茶素氧化。叶色由绿色转变成墨绿色,生成台湾高山茶特有的颜色。茶叶液泡膜受损伤后,液泡内的多酚类、氨基酸等物质逐步被氧化,同时由于儿茶素氧化,使叶子中的一部分物质进行化学作用,形成台湾高山茶特有的色香味品质。

国色茶香

判断文山包种茶的优劣可依外观、汤色、香味三项标准判断。外观分形状与色泽,形状条索整齐,叶尖卷曲自然,幼枝嫩叶连理,粉末黑点未生;色泽鲜艳墨绿带丽色,调和清静不掺杂,嫩叶金边色隐存,银毫白点蛙皮生。汤色蜜绿鲜艳浮丽色,澄清明丽水底色,琥珀黄金井上品,橙黄黄碧绿亦清。香味又可分香气和滋味两项。香气优雅清香,飘而不腻,入口穿鼻一而再三者为上乘;滋味新鲜无异味,入口生津,落喉甘润韵无穷。符合上述条件,方是上等的文山包种茶。

茶韵悠悠

文山包种品饮时滋味甘醇鲜爽,入口生津,齿颊留香,久久不散。

【叶底】
青绿微红边

【滋味】
醇爽有花果味

【香气】
幽雅芬芳

【汤色】
金黄明亮

【外形】
条索紧结、叶尖呈自然卷曲

【色泽】
深绿、蛙皮色

白毫乌龙

白毫乌龙干茶外形有红、黄、白、青、褐五种颜色，高雅、含蓄、优美，美若敦煌壁画中身穿五彩斑斓羽衣的飞天，所以也有"五色茶"之称。

🍵 东方美人茶

白毫乌龙茶显白毫，于乌龙茶中为少见，故此得名。

白毫乌龙也被称为东方美人茶。相传百年前，英国茶商将膨风茶呈献给英国维多利亚女王，由于冲泡后，其外观艳丽，犹如绝色美人曼舞在水晶杯中，品尝后，女王赞不绝口而赐名"东方美人"。

🍵 国色茶香

白毫乌龙的外观十分特殊，叶身呈白、绿、黄、红、褐五色相间，不讲究条索，叶片褐红，心芽银白，色泽油润。冲泡后，汤色橙红。

依品质优次，白毫乌龙分大、小凸风茶

> 知名度：★★★★
> 冲泡难易度：★★★★
> 品茗最佳季节：秋季
> 养生功效：帮助消化、杀菌解毒、防止肠胃感染

两类。大凸风茶白毫多，茶汤味浓香高，又称上凸风茶；小凸风茶白毫较少，味较淡，香较低，又称下凸风茶。

🍵 茶韵悠悠

冲泡后的白毫乌龙具有蜂蜜味道与纯熟的苹果香，滋味甘润，耐冲泡。与其他乌龙茶不同的是，在品饮白毫乌龙时，如在茶汤中加入几滴白兰地，其风味更佳。

【叶底】
红亮透明

【滋味】
甜醇

【香气】
熟果香或蜂蜜香

【汤色】
橙红明亮、呈琥珀色

【色泽】
红、黄、白、绿、褐五彩相间，色泽鲜艳

【外形】
茶芽肥大、白毫显露

嘴里回味着东方美人甜甜的芬芳。

东方美人，迤逦的名字。

美人是属于春天的。那些我们看得见的春色，因之长在，那柔软的春日，就不会老去。

有诗云：从来红颜如名将，不使人间见白头。

如果你爱茶——

品茗凝结在时光中的，品茗被我们所记住的，便不会老去。

黑茶

品鉴要点

如果把茶比喻为画，那么绿茶像是明清的小品，体现出的是江南风景的清新雅致；乌龙茶则如同宋代工笔画中的溪水崖石，韵味悠长；而黑茶却能独立于外，像是秦汉时期的石刻，饱经风雨沧桑，伟岸而厚重。

🍵 辨香识韵

大部分茶叶讲究的是新鲜，制茶的时间越短，茶叶越显得珍贵，陈茶往往无人问津。而黑茶则是茶中的另类，贮存时间越长的黑茶，反而越难得。因为黑茶是深度发酵的茶叶，发酵程度达80%以上，所以存放时间越长，香气越浓，这也是近几年普洱茶大行其道的原因之一。

黑茶茶汤为深红色，亮红或暗红，不同种类的黑茶汤色有一定差异。普洱茶生茶汤色浅黄，自然发酵的普洱茶汤色随着存储年份增加由浅黄逐渐转变为橙黄、浅红和深红色；普洱茶熟茶汤色红浓明亮，令人赏心悦目。

黑茶具陈香、陈韵和熟香。其中普洱茶的香气滋味是黑茶里最具有代表性的，滋味和口感也是最被人们接受的一种。

🍵 制作工艺

黑茶制作工艺流程包括杀青、揉捻、渥堆作色、干燥四道工序。渥堆是将揉捻好的茶叶放置到潮湿的环境中进行发酵，具有一种温热作用。渥堆是决定黑茶品质的关键，其时间长短、程度轻重都会直接影响黑茶成品的品质，使不同类别黑茶的风格具有明显差别。

🍵 黑茶冲泡技巧

水温：100℃的沸水

投茶量：茶与水的比例为1（克茶）：50（毫升水）或1（克茶）：30（毫升水）

适用茶具：紫砂壶冲泡，白瓷、玻璃等品茗杯品饮

🍵 基本分类

湖南黑茶：安化黑茶等
湖北黑茶：蒲圻老青茶等
四川边茶：南路边茶、西路边茶等
滇桂黑茶：普洱茶、广西六堡茶等

鉴别普洱茶

看普洱茶首先看外观。不管是茶饼、沱茶、砖茶，还是其他外形，先看茶叶的条形。例如条形是否完整，叶老或嫩，一般老叶较大、嫩叶较细。若一块茶饼的外观看不出明显的条形，而显得碎与细，就是次级品制作的。

第二要看茶叶显现出来的颜色。是深或浅，光泽度如何。正宗的是猪肝色，陈放五年以上的普洱茶就有黑中泛红的颜色。

第三看汤色。好的普洱茶，泡出的茶汤是透明的、发亮的。不好的茶则茶汤发黑、发乌。

第四要闻气味。陈茶要看有没有一种特有的陈味，这是一种很甘爽的味道，而不是腐臭味。若可以试泡，看泡出来的叶底完不完整，是不是还维持柔软度。

判定普洱茶的基本品质，必须符合下列条件：品质正常，无劣变，无异味；普洱茶必须洁净，不含非茶类夹杂物；普洱茶不得着色，不含添加剂；普洱茶饼的外形要平滑、整齐、厚薄匀称等。

茶叶功效

黑茶中含有较丰富的维生素和矿物质，另外还有蛋白质、糖类物质等。对主食牛、羊肉和奶酪，饮食中缺少蔬菜和水果的西北地区的居民而言，长期饮用黑茶，可补充人体必需的矿物质和各种维生素。黑茶具有很强的解油腻、助消化等功能，这也是肉食民族特别喜欢这种茶的原因。另外，黑茶还有降脂、减肥、软化人体血管、预防心血管疾病等功效。

普洱熟饼茶

千百年以来，各类异彩纷呈的茶品中，没有一种茶像普洱茶这样，负载了如此丰富的历史和文化内涵，弥漫着浓浓的人文气息。

🫖 茶马古道

在漫漫古道上，成千上万辛勤的马帮，日复一日，年复一年，风餐露宿。正因为这漫长艰险的运送之途，马背上的起伏颠簸，风雨吹打、烈日暴晒的熏蒸则无疑是最后一道工序，普洱茶才暗自酝酿出了古老厚重的韵味。在长时间的压制中，茶叶经历了缓慢的发酵，年代愈久，滋味愈醇，日久弥香。

知名度：★★★★★
冲泡难易度：★★★★
品茗最佳季节：冬季
养生功效：提神醒脑、抗菌消炎、养颜瘦身、降血脂、降血压、防治冠心病

🫖 国色茶香

品质好的普洱熟茶色泽褐红或深栗色，俗称"猪肝红"；汤色红浓透明，滋味纯和，具有独特的陈香。

🫖 茶韵悠悠

喉韵是一种喉部温润舒适、回甘和香气交织的感觉。普洱茶经陈化发酵，茶性变得温润饱满，入口无刺激感，喉韵润化，丝滑舒顺，许多人都因此而爱上普洱茶。

【叶底】
深猪肝色

【滋味】
醇厚回甘

【香气】
独特陈香

【汤色】
红浓明亮

【色泽】
红褐

【外形】
整齐、端正、匀称、各部分厚薄均匀、松紧适度

🍵 制茶有道

普洱茶有其独特的加工工序，一般都要经过杀青、揉捻、干燥、渥堆等几道工序。鲜采的茶叶，经杀青、揉捻、干燥之后，成为普洱毛青。这时的毛青韵味浓峻、锐烈而欠章理。毛茶制作后，因其后续工序的不同分为"熟茶"和"生茶"。经过渥堆转熟的，就成为熟茶。普洱熟茶再经过一段相当长时间的贮放，待其味质稳净，便可售卖。贮放时间一般需要两三年，干仓陈放 5~8 年的熟茶已被誉为上品。

🍵 如何选购

选购普洱茶的四大要诀：

一清：闻茶饼味。味道要清，不可有霉味。

二纯：辨别色泽。茶色呈枣红色，不可黑如漆色。

三正：存储得当。存放于仓中，防止其变得潮湿。

四气：品饮汤。回甘醇和，不可有杂陈味。

🍵 家庭存茶

普洱茶的存放方式很简单，只需要将茶品放置在阴凉、干燥、通风、无异味处即可。一般不要让太阳直接照射，不要放置在冰箱里，不要放在密封罐、真空罐里，更不要将茶品装箱置放在固定不通风处。

茶博士小课堂

茶马古道

在横断山脉的高山峡谷，在滇、川、藏"大三角"地带的丛林草莽之中，绵延盘旋着一条神秘的古道，这就是世界上地势最高的文明文化传播古道之一的"茶马古道"。

所谓茶马古道，实际上就是一条地道的马帮之路。主要有三条线路：即青藏线、滇藏线和川藏线，在这三条茶马古道中，青藏线兴起于唐朝时期，发展较早；而最艰险的主要是"滇藏道"和"川藏道"这两条，也最知名。在两条主线的沿途，密布着无数大大小小的支线，将滇、藏、川"大三角"地区紧密联结在一起，形成了世界上地势最高、山路最险、距离最遥远的文明传播古道。

🍵 泡茶准备

适宜茶具	紫砂壶
水温	100℃的沸水
茶水比例	1（克茶）∶50（毫升水）
冲泡方法	壶泡法

🍵 备盏

茶叶罐、紫砂壶、公道杯、滤网、品茗杯、茶荷、茶道六用、茶盘。

🍵 冲泡

1 准备： 先将足量水烧至沸腾。冲泡普洱茶需要100℃的沸水。

2 温具： 倒入开水温壶，将温壶的水温烫公道杯，再将公道杯中的水倒入品茗杯。

3 投茶： 用茶则将已经解散的普洱熟茶从茶罐里取出，放入茶荷中。用茶匙将适量的熟茶投入紫砂壶中。

冲泡要领

①普洱茶的泡茶器皿以宜兴紫砂壶为首选。和乌龙茶"以小为贵"相反，普洱茶应该用容量大一点的壶冲泡。

②普洱茶选用的茶杯一般以白瓷或青瓷为宜，以便于观赏普洱茶的迤逦汤色。茶杯应大于功夫茶用杯，以厚壁大杯大口饮茶。

❹ 润茶：将开水注入壶中，将壶中的水迅速倒入公道杯中。

❺ 冲泡：冲水至满壶，刮去浮沫，盖上壶盖。

冲泡要领

① 润茶对于普洱茶来说是不可缺少的程序。这是因为，大多数普洱茶都是隔年甚至数年后饮用的，储藏越久，越容易沉积脱落的茶粉和尘埃，润茶可唤醒紧压茶茶性，还可以起到去除杂味、涤尘净茶的作用。

② 第一次的冲泡速度要快，只要能将茶叶洗净即可，不须将它的味道浸泡出来。

❻ 淋壶：用公道杯内的茶汤淋壶。静置1分钟左右。

❼ 温杯：手持品茗杯，逆时针旋转。再将温杯的水倒入茶盘。

❽ 出汤：将泡好的茶汤快速倒入公道杯中，控净茶汤。

❾ 分茶：将公道杯内的茶汤分入每个品茗杯中。

普洱生饼茶

如果说普洱熟茶是色重于味，七八分老茶的形，二三分老茶的魂；那么普洱生茶则是味重于色，野性十足；陈年普洱，已然造化出一个世界，喝进肚里，留在心中。

凝结的茶香

"生饼"即"青饼"，是指由晒青绿茶制作而成普洱茶饼，然后完全依靠自然陈放而成，不经过渥堆。自然转熟的进程相当缓慢，至少需要5~8年才适合饮用。但是完全稳熟后的生茶，其陈香中仍然存留活泼生动的韵致，且时间越长，其内香及活力亦发显露和稳健，由此形成普洱茶越陈越香的特点，也养成了普洱爱好者爱收藏普洱茶的传统。

国色茶香

普洱生茶干茶色泽墨绿、褐绿，优质茶条索里有白毫。叶底黄绿、柔润，比较完整。

知名度：★★★★★
冲泡难易度：★★★★
品茗最佳季节：夏季
养生功效：提神醒脑、抗菌消炎、养颜瘦身、降血脂、降血压、防治冠心病

茶韵悠悠

水性醇滑是普洱茶的一大特色，这是其他茶类不具备的。滑，是普洱茶汤入口后有一种湿润柔和的感觉，似丝绸般顺滑。这种醇滑感往往与普洱茶的贮存时间有关，陈化时间越长，醇滑感越优异，品茗时越感舒顺亲切，这是许多普洱茶爱好者所钟爱的。

【叶底】肥厚黄绿

【滋味】浓厚回甘
【香气】清纯持久
【汤色】绿黄清亮

【外形】匀称端正、压制松紧适度
【色泽】墨绿

最古老的三座普洱茶山

老班章正山古树茶

老班章位于云南西双版纳勐海县，靠近中缅边境的布朗山深处，是著名的普洱茶产区，也是古茶园保留得最多的地区之一。布朗山包括班章、老曼峨、曼新龙等树寨，其中最古老的老曼峨寨子已有1400年历史。

老班章所产的茶叶，滋味厚重、浓烈、霸道，回味中却有刚中有柔、强中带媚的风情。有茶人称赞老班章茶是普洱茶的王中之王，是最优质的普洱茶原料。老班章正山古树春茶饼，白毫显著，叶芽肥壮，是绝佳的收藏品，因产量少而一饼难求。

大雪山正山古树茶

"若论普洱茶，必言大叶种"，云南双江勐库镇是云南大叶种茶的发源地。大雪山雄踞双江县勐库镇西北，是孕育勐库大叶茶的摇篮。在大雪山中上部，海拔2200~2750米，人迹难至的原始森林中，分布着目前已发现的海拔最高、密度最大的野生古茶树群落，大部分树龄在千年以上。经过专家鉴定，双江县大雪山野生古茶园是茶树起源中心之一。

大雪山正山古茶、大雪山正山古树春茶饼均系选用勐库大雪山野生古茶制成，外观油润呈深墨绿色、无毫。闻之有浓郁的山野夜来香的香气，茶性劲足霸道，存放时间短的茶不宜多饮，特别适宜长期收藏贮存。因地处高山密林，原料采摘艰难，故产量极少。

攸乐山正山古树茶

攸乐山区是云南大叶茶的中心产地之一，早在一千七百多年前就有栽培茶树，历史上最高产量达到2000担以上。老茶树一年一生的叶芽呈黄绿色，发芽早，多茸毛，是优良的普洱茶种。晒青毛茶为棕红色，茶质较硬，条索分明，青茶味酽，生津味甘；熟普醇厚甘滑，入口怡爽。

如今攸乐山古茶园毁坏严重，在世不多，只有深入茶区，用心采集，才能采收到为数有限的优质茶。

🍵 泡茶准备

适宜茶具	紫砂壶
水温	100℃的沸水
茶水比例	1（克茶）：50（毫升水）
冲泡方法	壶泡法

🍵 备盏

茶道六用、紫砂壶、公道杯、滤网、品茗杯、茶荷、茶盘。

🍵 冲泡

1 准备：将足量水烧至沸腾。

2 温具：先倒入热水温壶，再将温壶的水温烫公道杯，将公道杯中的水倒入品茗杯。

3 投茶：用茶刀挖取适量茶叶放入茶荷中，压制很紧的茶饼冲泡前要用手撕成小片。用茶匙将茶叶拨入壶中。

4 润茶：向紫砂壶中注入半壶开水，并迅速倒入茶盘中。润普洱茶需一两次。

⑤ 冲泡： 冲水至满壶，刮去浮沫，盖上壶盖。约 30 秒。

⑥ 温杯： 手持品茗杯，逆时针旋转，然后将温杯的水倒入茶盘。

⑦ 出汤： 持壶快速将茶汤倒入公道杯中，控净茶汤。

⑧ 分茶： 将公道杯内的茶汤分入每个品茗杯中。以八成满为宜。

冲泡要领

　　普洱生茶好比没淬火的生铁，香气高锐，但有些人会感觉生茶对肠胃有一定的刺激。刚开始饮用生茶时多注意自己身体的反应。

湖南黑茶

湖南黑茶是 20 世纪 50 年代绝产的传统工艺商品，由于海外市场的征购，这一奇珍才得以在 21 世纪之初重新走入人们的视野，并风靡广东及东南亚市场。经历时间的洗礼，湖南黑茶又焕发出勃勃生机。

都市健康饮品

湖南黑茶成品有"三尖""三砖""花卷"系列。安化白沙溪茶厂的生产历史最为悠久，品种最为齐全。"三砖"即黑砖、花砖和茯砖。"三尖"指湘尖一号、湘尖二号、湘尖三号即"天尖""贡尖""生尖"。"湘尖茶"是湘尖一、二、三号的总称。"花卷"系列包括"千两茶""百两茶""十两茶"。

作为"中国世博十大名茶"中唯一的黑茶代表，湖南黑茶逐渐从西北少数民族的"边销茶"攀升为都市人群的"时尚健康饮品"。

> 知名度：★★★
> 冲泡难易度：★★★★
> 品茗最佳季节：冬季
> 养生功效：助消化、解油腻、顺肠胃、降脂、减肥、软化血管、预防心血管疾病

国色茶香

湖南黑茶分为 4 个级，一级茶条索紧卷、圆直、叶质较嫩，色泽黑润。二级茶条索尚紧，色泽黑褐尚润。三级茶条索欠紧，呈泥鳅条，色泽纯净呈竹叶青带紫油色或柳青色。四级茶叶张宽大粗老，条松扁皱折，色黄褐。

茶韵悠悠

湖南黑茶茶汤松烟味较浓，前几泡会有微涩的口感；到了第五泡至第十泡的口感甜醇而不腻，滑爽、清香。

【叶底】黄褐

【滋味】浓厚醇和

【香气】醇厚带松烟香

【汤色】橙黄

【色泽】油黑、黑褐

【外形】条索紧卷、圆直

跟着茶 经学泡茶

六堡茶

如果说对其他茶类人们追求的是"青春"的滋味,那么对六堡茶而言,它打动人的则是岁月的沧桑,那愈陈愈香的特质是其他茶类不具备的。

一点金花茶更香

六堡茶在晾置陈化后,茶中便可见到有许多金黄色"金花",这是有益品质的黄霉菌,它能分泌淀粉酶和氧化酶,可催化茶叶中的淀粉转化为单糖,催化多酚类化合物氧化,使茶叶汤色变棕红,消除粗青味。

知名度:★★

冲泡难易度:★★★★

品茗最佳季节:秋季

养生功效:抗癌、减肥、降血脂、提神醒脑、开胃健脾

国色茶香

六堡茶色泽黑褐光润,汤色红浓明亮,滋味醇和爽口、略感甜滑,香气醇陈、有槟榔香味,叶底红褐,并且耐于久藏,越陈越好。六堡茶在晾置陈化后,茶中便可见到有许多金黄色"金花",这是有益品质的黄霉菌,它能分泌淀粉酶和氧化酶,可催化茶叶中的淀粉转化为单糖,催化多酚类化合物氧化,使茶叶汤色变棕红,消除粗青味。

茶韵悠悠

在六堡茶的故乡,品六堡茶是把其放在瓦锅中,加入山泉水,明火煮沸后,稍放置,待微温饮用,倍感味甘醇香;六堡茶冲泡后隔夜滋味不变,茶汤颜色不浊,喝时清凉祛暑。

【叶底】
红褐色

【滋味】
醇和干爽、
滑润可口

【香气】
醇陈

【汤色】
红浓明亮

【外形】
条索尚紧

【色泽】
黑褐光润

红茶

品鉴要点

红茶属于全发酵茶类，中西方都有很多它的拥护者，它是全世界生产与销售数量最多的一个茶类。中国人喜欢清饮红茶，感受茶之真味；外国人喜欢调饮红茶，加奶、加糖。加杯奶是奶茶，遇上柠檬便成了柠檬茶，有容乃大，用在红茶身上最恰当不过。

辨香识韵

红茶在加工过程中发生了以茶多酚酶促氧化为中心的化学反应，鲜叶中的化学成分变化较大，茶多酚减少90%以上，产生了茶黄素、茶红素等新成分。香气物质比鲜叶明显增加。所以红茶具有红茶、红汤、红叶和香甜味醇的特征。

红茶滋味浓厚鲜爽，醇厚微甜，有熟果香、桂圆香、烟香。和牛奶调饮，奶香和茶香很好地融合，口感柔嫩滑顺。

制作工艺

红茶初制基本工艺是鲜叶经萎凋、揉捻（揉切）、发酵、干燥四道工序。其中，萎凋是红茶初制的重要工序。萎凋方法有自然萎凋和加温萎凋两种。萎凋时间、萎凋程度的掌握因萎凋方法、季节、鲜叶老嫩度等因素而异。

发酵是决定红茶品质的关键工序。通过发酵促使多酚类物质发生酶性氧化，产生茶红素、茶黄素等氧化产物，形成红茶特有的色、香、味。

红茶冲泡技巧

水温：95℃以上的沸水

投茶量：茶与水的比例为1（克茶）：50（毫升水）

适用茶具：紫砂、白瓷、红釉瓷、暖色瓷茶具或咖啡壶具

红茶伴侣：糖、牛奶、柠檬、蜂蜜、果汁等

基本分类

小种红茶：正山小种、烟小种
工夫红茶：祁门工夫、滇红工夫、宜红工夫、川红工夫、闽红工夫、湖红工夫、越红工夫
红碎茶：叶茶、碎茶、片茶、末茶

🍵 鉴别红茶

工夫红茶

外形	条索紧细、匀齐的质量好，反之，条索粗松、匀齐度差的，质量次。
色泽	色泽乌润，富有光泽，质量好，反之，色泽不一致，有死灰枯暗的茶叶，则质量次。
香气	香气馥郁的质量好，香气不纯，带有青草气味的，质量次，香气低闷的为劣。
汤色	汤色红艳，在评茶杯内茶汤边缘形成金黄圈的为优，汤色欠明的为次，汤色深浊的为劣。
滋味	滋味醇厚的为优，滋味苦涩的为次，滋味粗淡的为劣。
叶底	叶底明亮的，质量好，叶底花青的为次，叶底深暗多乌条的为劣。

红碎茶

外形	红碎茶外形要求匀齐一致。碎茶颗粒卷紧，叶茶条索紧直，片茶皱褶而厚实，末茶成砂粒状。碎、片、叶、末的规格要分清。碎茶中不含片末茶，片茶中不含末茶，末茶中不含灰末。
色泽	乌润或带褐红色，忌灰枯或泛黄。
香气	高档的红碎茶，香气特别高，具有果香、花香和类似茉莉花的甜香。
汤色	以红艳明亮为优，暗浊为劣。
滋味	滋味浓、强、鲜具备为优，滋味淡则为劣。
叶底	叶底的色泽以红艳明亮为优，暗杂为劣。

🍵 茶叶功效

红茶可以帮助胃肠消化、促进食欲，可利尿、消除水肿，并强壮心脏功能。红茶的抗菌力强，用红茶漱口可防滤过性病毒引起的感冒，并预防蛀牙与食物中毒，降低血糖值与高血压。

祁门红茶

祁门红茶以高香著称，具有独特的清鲜持久的香味，自清代光绪初年诞生以来，驰名世界，畅销五洲，在中国乃至世界茶史中留下了最红、最靓的一笔。

花果蜜味群芳最

祁红以高香著称，具有独特的清鲜持久的香味，有人形容为玫瑰香，有人形容为花果蜜香，清高而长，独树一帜，国际市场上称之为"祁门香"。英国人最喜爱祁红，全国上下都以能品尝到祁红为口福。皇家贵族也以祁红作为时髦的饮品，用茶向皇后祝寿，赞美其为"群芳最"。

知名度：★★★★★
冲泡难易度：★★★
品茗最佳季节：冬季
养生功效：提神消疲、排毒利尿、延缓衰老、抗辐射

碗壁与茶汤接触处有一圈金黄色的光圈，俗称"金圈"。

国色茶香

高档祁门红茶的茶芽含量高，条形细紧，色泽乌黑有油光，茶条上金色毫毛较多；香气甜香浓郁，滋味甜醇鲜爽，汤色红艳，

茶韵悠悠

祁门工夫与其他红茶一样适于调饮。然而清饮更能领略祁红特殊的"祁门香"，领略其独特的内质、隽永的回甘和明艳的汤色。

【叶底】
嫩匀明亮

【滋味】
醇和鲜爽

【香气】
鲜甜轻快、有果糖香

【汤色】
红亮

【色泽】
乌润

【外形】
条索细紧匀齐、秀丽

制茶有道

祁红现采现制，以保持鲜叶的有效成分，特级祁红以一芽一叶及一芽二叶为主，制作工艺精湛。分初制和精制两大过程，初制包括萎凋、揉捻、发酵、烘干等工序。精制则将长短粗细、轻重曲直不一的毛茶，经筛分、整形、审评提选、分级归堆，同时为提高干度，保持品质，便于贮藏和进一步发挥茶香，再行复火，拼配，成为形质兼优的成品茶。

如何选购

产地	祁门红茶只产于安徽祁门县，其他产地的红茶都不是祁红。
外形	祁门红茶的外形很整齐，茶叶都被切成0.6~0.8厘米，假的祁红茶叶形状多不整齐。
颜色	祁门红茶颜色为棕红色，外观看起来有些暗，假祁红一般多经过染色，颜色鲜红。
汤色	祁门红茶汤色红浓明亮，假祁红汤色虽红，但多不透明。
滋味	祁门红茶味道浓厚，强烈醇和、鲜爽。假茶一般带有人工色素，味苦涩、淡薄。

家庭存茶

袋储存法： 家庭贮茶选用塑料袋时，首先必须是适合食品用的包装袋；其次，袋材要选用密度高的，即选用低压材料要比高压的好；第三，袋材要有一定的强度，厚实一些的为好；第四，材料本身不应有孔洞和异味。

罐储存法： 用铁听贮茶简单方便，取饮随意。只要把买回来的茶叶放入洁净的铁听即可。如果是新买的铁听，或放过其他食品的铁罐，可先放少量的茶叶末入内，然后盖好盖，存放数日，便能把异味吸尽。用茶叶末擦洗铁听也能去除异味。装有茶叶的铁听，应置于阴凉处，不能放在阳光直射或潮湿、有热源的地方，这既可防止铁听氧化生锈，又可抑制听内茶叶陈化、劣变的速度。

茶博士小课堂

世界三大高香名茶

祁门红茶与印度的"大吉岭"和斯里兰卡的"乌伐"齐名，被誉为"世界三大高香名茶"。它以似花、似果、似蜜的"祁门香"位居世界三大高香名茶之首。

泡茶准备

适宜茶具	瓷壶、紫砂壶
水温	100℃的沸水
茶水比例	1（克茶）：50（毫升水）
冲泡方法	壶泡法

备盏

公道杯、茶壶、品茗杯、水盂、茶荷、茶匙、茶夹。

冲泡

① **温具：**向壶中注入烧沸的开水温壶，将温壶的水倒入公道杯后温公道杯，再倒入品茗杯。

② **投茶：**用茶匙将茶荷中的茶拨入茶壶中。

③ **润茶：**向壶中注入少量开水，并快速倒入水盂中。

④ 冲水：冲水至满壶，泡约两三分钟。

⑤ 温杯：将温杯的水倒入水盂中。

⑥ 出汤：将泡好的茶汤倒入公道杯中，茶汤控净。

⑦ 分茶：将公道杯中的茶汤分到各个品茗杯中。

茶博士小课堂

下午茶的由来

下午茶起源于17世纪的英国。当时，上流社会的早餐很丰盛，午餐较为简便，而社交晚餐则要到晚上8时左右才开始，人们便习惯在下午4时左右吃些点心、喝杯茶。其中有一位很懂得享受生活的女伯爵，名叫安娜玛丽亚，每天下午都会差遣女仆为她准备一壶红茶和点心，她觉得这种感觉真好，便邀请友人共享。很快，下午茶便在英国上流社会流行起来。

英国贵族赋予红茶以优雅的形象及丰富华美的品饮方式。下午茶更被视为社交的入门，时尚的象征，是英国人招待朋友开办沙龙的最佳形式。享用下午茶时，英国人喜欢选择极品红茶，配以中国瓷器或银制茶具，摆放在铺有纯白蕾丝花边桌巾的茶桌上，并且用小推车推出各种各样的精制茶点。至于音乐和鲜花更是必不可少，并且以古典为美，曲必悠扬典雅，花必清芬馥郁。

18世纪中期以后，茶在英国才真正进入一般平民的生活。

正山小种

英国著名诗人拜伦曾在他的著名长诗《唐璜》里写道："我觉得我的心儿变得那么富于同情，我一定要去求助于武夷的红茶；真可惜，酒却是那么的有害，因为茶和咖啡使我们更为严肃。"诗中的武夷红茶就是正山小种。

红茶鼻祖

正山小种又称拉普山小种，诞生于明末清初，产于福建武夷山。茶叶是用松针或松柴熏制而成，有着非常浓烈的香味。因为熏制的原因，茶叶呈黑色，但茶汤为深红色。它是世界红茶的鼻祖，后来的工夫红茶就是在其基础上发展的。

知名度：★★★★

冲泡难易度：★★★

品茗最佳季节：冬季

养生功效：提神消疲、排毒利尿、延缓衰老、强壮心肌功能

国色茶香

正山小种成品条索肥壮，紧结圆直，色泽乌润；冲水后汤色艳红，经久耐泡。

茶韵悠悠

正山小种茶滋味醇厚，气味芬芳浓烈，有醇馥的烟香和桂圆汤蜜枣味。有茶人曾说：这是一种让人爱憎分明的茶，只要有一次你喜欢上它，便永远不会放弃它。那种散发森林气息的松木香，那种难得烘焙出的桂圆香，能让人想起那片碧绿幽静的茶山，很遥远，但谁都喜欢。

【叶底】
肥厚红亮

【滋味】
醇厚

【香气】
松烟香

【汤色】
红艳浓厚、似桂圆汤

【外形】
条索肥壮、紧结圆直、不带芽毫

【色泽】
乌黑油润

跟着茶经学泡茶

🍵 制茶有道

正山小种一年只采春夏两季,春茶在立夏开采,以采摘一定成熟度的小开面叶(一芽二三叶)为最好。传统的制法是鲜叶经萎凋、揉捻、发酵、过红锅、复揉、熏焙、筛拣、复火、匀堆等工序。小种红茶的制法有别于一般红茶,发酵以后要在200℃的平锅中进行拌炒两三分钟,称之为"过红锅",这是小种红茶特殊工艺处理技术,目的是散去青臭味、消除涩感、增进茶香。其次是后期的干燥过程中,用湿松柴进行熏烟焙干,从而形成小种红茶的松烟香、桂圆汤等独有的品质风格。

🍵 如何选购

正山小种茶共有特等、特级、一级、二级、三级五个级别。

特等正山小种选用的是品质最优的毛茶,再按最传统的工序进行再加工的,保持了古老正山小种的原汁原味。

特级正山小种干茶条形较小,闻香时香味更浓,耐泡程度也更好。

一级正山小种干茶条形大些,片梗稍微多些。

二级正山小种干茶没有一级那么成条形,有茶片。

🍵 家庭存茶

正山小种保管简易,只要常规常温密封保存即可。因为是全发酵茶,一般存放一两年后松烟味进一步转化为干果香,滋味会变得更加醇厚而甘甜。茶叶越陈越好,陈年(三年)以上的正山小种味道特别醇厚,回甘好。

茶博士小课堂

从东方到西方

自17世纪起,西方商人用茶船将红茶从中国运送到英国,再利用茶车将红茶运往内陆各地销售。虽然茶贸易早已有之,但当时我国只出口茶叶,不出口茶种。大约在18世纪80年代,一个名叫罗伯特·福琼的英国植物采集家将茶树种子放入一个用特殊玻璃制成的便携式保温箱中,偷偷地带上了开往印度的轮船,于是在印度培养了十万株以上的茶树苗,形成了大规模的茶园,并由此产生了英国的红茶文化。

金骏眉

金骏眉是武夷山正山小种的一个分支，目前是中国高端顶级红茶的代表。该茶青为野生茶芽尖，摘于武夷山国家级自然保护区内海拔1200~1800米高山的原生态野茶树，6~8万颗芽尖方制成一斤金骏眉，结合正山小种传统工艺，由师傅全程手工制作，是可遇不可求的茶中珍品。

知名度：★★★★★
冲泡难易度：★★★
品茗最佳季节：冬季
养生功效：提神消疲、排毒利尿、延缓衰老、抗癌

【外形】绒毛少、条索紧细、隽茂、重实

【色泽】金、黄、黑相间

【汤色】金黄、清澈、有金圈

【香气】复合型花果香、蜜香

【滋味】滋味醇厚、甘甜爽滑

【叶底】呈金针状、匀整

滇红工夫

滇红工夫产于滇西、滇南两区，名气不输祁红，茸毫显露为其品质特点之一。其毫色可分淡黄、菊黄、金黄等类。凤庆、云县、昌宁等地，毫色多呈菊黄；勐海、双江、临沧、普文等地工夫茶，毫色多呈金黄。同一茶园春季采制的一般毫色较浅，多呈淡黄；夏茶毫色多呈菊黄；秋茶多呈金黄色。

知名度：★★★★
冲泡难易度：★★★
品茗最佳季节：冬季
养生功效：延缓衰老、提神消疲、降血糖、降血压、降血脂、抗癌

【外形】条索紧结、风苗秀丽

【色泽】乌润、金毫特显

【汤色】红艳明亮

【香气】鲜郁高长

【滋味】味鲜浓醇

【叶底】单芽、红艳、柔嫩

政和工夫

政和工夫茶是以政和大白茶品种为主体，适当拼配由小叶种茶树群体中选制的具有浓郁花香特色的工夫红茶。故在精制中，对两种半成品茶须分别通过一定规格的筛选，提尖分级，分别加工成形，然后根据质量标准将两茶按一定比例拼配成各级工夫茶。政和工夫既适合清饮，又宜掺和砂糖、牛奶调饮。

知名度：★★★
冲泡难易度：★★★
品茗最佳季节：冬季
养生功效：帮助胃肠消化、可利尿、消水肿

【外形】 条索肥壮、紧实、显毫
【色泽】 乌黑油润

【汤色】 红艳明亮
【香气】 浓郁芳香、似紫罗兰花香
【滋味】 醇厚

【叶底】 橙红柔软

坦洋工夫

一个世纪前，百年红茶老字号——坦洋工夫，以高贵品质征服英伦三岛，勇夺巴拿马国际博览会金奖，跻身国际名茶之列。但后来，它却盛极而衰，给世人留下了一个巨大的惊叹和难解的遗憾。一个世纪后，在政府的扶持下，坦洋工夫重新绽放生机，借助海峡两岸茶博会东风，卷土重来。

知名度：★★★
冲泡难易度：★★★
品茗最佳季节：冬季
养生功效：提神醒脑、开胃健脾、抗癌、减肥、降血脂

【外形】 条索紧结秀丽、茶毫微显金黄
【色泽】 乌润

【汤色】 红明
【香气】 高爽
【滋味】 醇厚

【叶底】 红亮

九曲红梅

著名的"西湖茶宴"共四道茶：龙井茶、大红袍、九曲红梅、普洱茶，九曲红梅被列为红茶第一道。它是浙江省目前28种名茶中唯一的红茶，因其涵盖深厚的文化底蕴和优异的品质特性，与西湖龙井以"一红一绿"媲美享誉。

九曲十八弯

九曲红梅源出为武夷山的九曲。闽北浙南一带农民北迁，在大坞山一带落户，开荒种粮种茶，以谋生计，制作九曲红梅；它带动了当地农户的生产。九曲红梅采摘是否适期，关系到茶叶的品质，以谷雨前后为优，清明前后开园，品质反居其下。品质以大坞山产者居上；上堡、大岭、冯家、张余一带所产称"湖埠货"居中；社井、上阳、下阳、仁桥一带的称"三桥货"居下。

知名度：★★★

冲泡难易度：★★★

品茗最佳季节：冬季

养生功效：暖胃、健脾、明目、提神

国色茶香

外形条索细若发丝，弯曲细紧如银钩，抓起来互相勾挂呈环状，披满金色的绒毛，色泽乌润；汤色鲜亮；叶底红艳成朵。

茶韵悠悠

冲泡后的九曲红梅，茶叶朵朵艳红，犹如水中红梅，绚丽悦目。滋味鲜爽可口，且香气馥郁扑鼻。

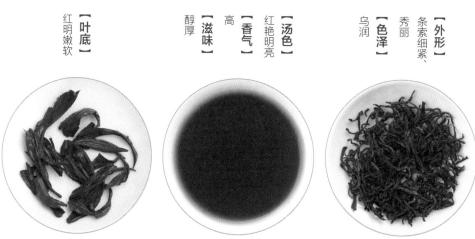

【叶底】
红明嫩软

【滋味】
醇厚

【香气】
高

【汤色】
红艳明亮

【色泽】
乌润

【外形】
条索细紧、秀丽

跟着茶经学泡茶

C.T.C 红碎茶

C.T.C 红碎茶是"大渡岗 C.T.C 红碎茶"的简称，产于云南西双版纳大渡岗茶厂，适宜做成袋泡茶。

适合不同风味的冲泡

红碎茶是茶叶揉捻时，用机器将叶片切碎呈颗粒形碎片，因外形细碎，故称红碎茶。

红碎茶可直接冲泡，也可包成袋泡茶后连袋冲泡，然后加糖加奶，饮用十分方便。由于红碎茶的饮用方式较为特别，与其他茶类一般采用清饮有很大的不同，因此，品质强调滋味的浓度、强度和鲜爽度；汤色要求红艳明亮，以免泡饮时，茶的风味被糖、奶等成分所掩盖。

红碎茶是国际茶叶市场的大宗产品，目前占世界茶叶总出口量的80%左右，是国际卖价较高的一种红茶。红碎茶已有百余年的产制历史，而在我国发展，则是近50年的事。

知名度：★★★★
冲泡难易度：★★★
品茗最佳季节：冬季
养生功效：提神醒脑、开胃健脾、抗癌、减肥、降血脂

国色茶香

红碎茶外形呈小颗粒状，重实、匀整。色泽棕红、乌润、匀亮。叶底褐红、匀整、明亮。

茶韵悠悠

C.T.C 红碎茶香气甜醇，滋味鲜、爽、浓、强。

【叶底】
红匀明亮、柔软

【滋味】
鲜爽浓强

【香气】
鲜浓持久

【汤色】
红艳明亮

【色泽】
棕黑油润

【外形】
颗粒形、重实匀齐

泡茶准备

适宜茶具	瓷质茶具、紫砂壶、玻璃茶具
水温	100℃的沸水
茶水比例	1（克茶）：50（毫升水）
冲泡方法	壶泡法

备盏

玻璃壶、公道杯、滤网、茶则、品茗杯、水盂。

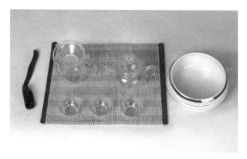

冲泡

❶ **温具：** 向壶中注入沸水温烫。将温壶的水温公道杯。再将公道杯的水倒入品茗杯。

❷ **投茶：** 用茶则将茶罐中的茶取出，投入茶壶中。

❸ **冲水：** 将沸水冲入壶中。

❹ **温杯：** 温杯后，将水倒入水盂中。

❺ **出汤：** 将冲泡好的茶汤倒入公道杯中，控净 茶汤。

❻ **分茶：** 将公道杯中的茶汤分到每个品茗杯中。

冲泡要领

　　① 相对其他红茶，红碎茶投茶量要少，而且冲泡次数也有限。

　　② 因为红碎茶是将完整的茶叶切碎，冲泡时茶中的物质会迅速释出，所以冲泡红碎茶的时间可以
缩短些，不会影响汤色和滋味。

品鉴要点

黄茶的产生属于炒青绿茶过程中的妙手偶得。由于杀青、揉捻后干燥不足或不及时，叶色即变黄，于是产生了新的品类——黄茶。黄茶滋味隽永、美好，啜上一小口，仿佛身体里开出了一树黄色的花。

辨香识韵

黄茶的品质特点是"黄叶黄汤"。这种黄色是制茶过程中进行闷堆渥黄的结果。黄茶有芽茶与叶茶之分，对新梢芽叶有不同要求：除黄大茶要求有一芽四五叶新梢外，其余的黄茶都有对芽叶要求"细嫩、新鲜、匀齐、纯净"的共同点。

黄茶茶性微凉，滋味鲜醇、甘爽、醇厚，香气足。

制作工艺

黄茶的杀青、揉捻、干燥等工序均与绿茶制法相似，其最重要的工序在于闷黄，这是形成黄茶特点的关键，主要做法是将杀青和揉捻后的茶叶用纸包好，或堆积后以湿布盖之，时间以几十分钟或几个小时不等，促使茶坯在水热作用下进行非酶性的自动氧化，形成黄色。

黄茶冲泡技巧

水温：80℃左右

投茶量：茶与水的比例为1（克茶）：50（毫升水）

适用茶具：玻璃杯（壶）、瓷杯（壶）

基本分类

黄芽茶：君山银针、蒙顶黄芽、霍山黄芽
黄大茶：广东大叶青、霍山黄大茶
黄小茶：北港毛尖、鹿苑毛尖、温州黄汤、沩山毛尖

鉴别黄茶

优质黄茶

干茶	色泽金黄或者黄绿、嫩黄，显毫。
茶汤	汤色黄绿明亮。
叶底	叶底嫩黄、匀齐、黄色鲜亮。
香气	清悦。

劣质黄茶

干茶	色泽暗淡、不显毫。
茶汤	色泽黄绿，不透亮。
叶底	叶底发暗、不亮。
香气	闷浊气。

🍵 茶叶功效

　　黄茶中富含茶多酚、氨基酸、可溶糖、维生素等丰富营养物质，对防治食道癌有明显功效。此外，黄茶鲜叶中的天然物质保留有 85% 以上，而这些物质对防癌、抗癌、杀菌、消炎均有特殊效果。

君山银针

君山银针历史悠久，唐代就已生产，清代被列为贡茶，是黄茶中的珍品。据说文成公主出嫁时就选了君山银针带入西藏。

湘水浓溶湘女情

君山银针产于烟波浩渺的洞庭湖中的青螺岛，据说君山茶的第一颗种子还是四千多年前娥皇、女英播下的。小小的岛上堆积满了中华民族的无数故事：有娥皇、女英之墓，有秦始皇的封山石刻，有至今仍在流淌着爱情传说的柳毅井。这里所产的茶吸收了湘楚大地的精华，尽得云梦七泽的灵气，所以风味奇特、极耐品味。

国色茶香

君山银针芽壮多毫，条真匀齐，白毫如羽，芽身金黄发亮，着淡黄色茸毫，叶底肥厚匀亮。

> 知名度：★★★★★
> 冲泡难易度：★★★
> 品茗最佳季节：夏季
> 养生功效：消食祛痰、解毒止渴、利尿明目、杀菌、抗氧化、抗衰老、预防癌症

茶韵悠悠

君山银针是一种以赏景为主的特种茶，讲究在欣赏中饮茶，在饮茶中欣赏。冲泡后的君山银针开始茶叶全部冲向上面，继而徐徐下沉，三起三落，浑然一体，确为茶中奇观。啜上一口茶，满口余香，这好似月光的液体，也让时光温柔地幸福起来。

【叶底】
黄亮匀齐

【滋味】
甘甜醇和

【香气】
清香浓郁

【汤色】
杏黄明净

【色泽】
黄绿

【外形】
芽壮挺直、匀整露毫

🍵 制茶有道

君山银针的采摘和制作都有严格要求，每年只能在"清明"前后七天到十天采摘，采摘标准为春茶的首轮嫩芽。而且还规定："雨天不采""风伤不采""开口不采""发紫不采""空心不采""弯曲不采""虫伤不采"等九不采。叶片的长短、宽窄、厚薄均以毫米计算，一斤银针茶，约需十万五千个茶芽。因此，即便是采摘能手，一个人一天也只能采摘鲜茶200克。制作君山银针茶，要经过杀青、摊晾、初烘、初包、再摊晾、复烘、复包、焙干八道工序，需78个小时方可制成。

🍵 如何选购

君山银针因为其独有的特点，仿冒起来十分困难，只要拿水一冲泡，就能分出真伪。真银针由未展开的肥嫩芽头制成，芽头肥壮挺直、匀齐，满披茸毛；色泽金黄光亮，茶色浅黄，味甜爽；冲泡后芽尖冲向水面，悬空竖立，然后徐徐下沉杯底。假银针为青草味，泡后银针不能竖立。

🍵 家庭存茶

贮藏君山银针可以选用双层铁盖的茶叶盒，深色玻璃瓶或者干燥的保温瓶，避免接触异味；短期保存可先用干净纸包好，放入双层塑料袋内；若放入冰箱内保存，温度在0℃~10℃最佳。

茶博士小课堂

君山银针的三起三落

君山银针的"三起三落"是由于茶芽吸水膨胀和重量增加不同步，芽头比重瞬间变化而引起的。可以设想，最外一层芽肉吸水，比重增大即下降，随后芽头体积膨大，比重变小则上升，继续吸水又下降，于是就有了三起三落的奇观。

泡茶准备

适宜茶具	玻璃杯
水温	85℃左右
茶水比例	1（克茶）：50（毫升水）
冲泡方法	玻璃杯之中投法

备盏

玻璃杯、茶则、茶匙、茶荷、水盂。

冲泡

❶ 准备： 将足量水烧至沸腾后待水温降至85℃左右备用。取适量君山银针放入茶荷中。

❷ 温具： 温杯，并将温杯的水倒入水盂中。

❸ 冲水： 冲水至杯的三成满。

冲泡要领

温杯以后需擦干杯子，以避免茶芽吸水而不易竖立。

❹ **投茶:** 用茶匙将君山银针轻轻投入玻璃杯中。

❺ **冲泡:** 高冲水至七成满。

❻ **赏茶:** 茶叶从水的顶部慢慢沉下去,在水中伸展,俗称"茶舞"。刚泡好的君山银针并不能立即竖立悬浮在杯中,要等待 3~5 分钟,待茶芽完全吸水后,茶尖朝上,芽蒂朝下,上下浮动,最后竖立于杯底。有的茶芽可以三起三落,值得欣赏。

茶博士小课堂

君山银针的传说

　　君山银针原名白鹤茶。据传初唐时,有一位名叫白鹤真人的云游道士从海外仙山归来,随身带了八株神仙赐予的茶苗,就将它种在君山岛上。后来,他修起了巍峨壮观的白鹤寺,又挖了一口白鹤井。白鹤真人取白鹤井水冲泡仙茶,只见杯中一股白气袅袅上升,水气中一只白鹤冲天而去,此茶由此得名"白鹤茶"。又因为此茶颜色金黄,形似黄雀的翎毛,所以别名"黄翎毛"。后来,此茶传到长安,深得天子宠爱,遂将白鹤茶与白鹤井水定为贡品。

　　有一年进贡时,船过长江,由于风浪颠簸把随船带来的白鹤井水给泼掉了。押船的州官吓得面如土色,急中生智,只好取江水鱼目混珠。运到长安后,皇帝泡茶,只见茶叶上下浮沉却不见白鹤冲天,心中纳闷,随口说道:"白鹤居然死了!"岂料金口一开,即为玉言,从此白鹤井的井水就枯竭了,白鹤真人也不知所踪。但是白鹤茶却流传下来,即是今天的君山银针茶。

霍山黄芽

与黄山、黄梅戏并称为"安徽三黄"的霍山黄芽，是久负盛名的历史名茶，红楼梦中怡红公子贾宝玉最爱的养生茶便是它了。

巧采精焙形色美

霍山黄芽为安徽历史第一茶，最早的记载见于西汉司马迁的《史记》："寿春之山有黄芽焉，可煮而饮，久服得仙。"自唐至清，霍山黄芽历代都被列为贡茶。

霍山黄芽产地均在海拔高度 600 米以上的山区，芽叶肥壮、节间长，颜色嫩黄，茸毛多，香气馥郁，滋味鲜爽甘醇，耐冲泡。正常年份开采在清明前后。

目前霍山黄芽香型大概有 3 种：即清香，花香，熟板栗香。产地气候不同，香气不一，如白莲岩的乌米尖新产的黄芽有花香，太阳乡的金竹坪新产的黄芽为清香型，而大化坪镇的金鸡山产的黄芽为熟板栗香，以上几种香型香高持久。

知名度：★★★★★
冲泡难易度：★★★
品茗最佳季节：夏季
养生功效：护齿明目、生津止渴

国色茶香

霍山黄芽外形条直微展、匀齐成朵、形似雀舌、嫩绿披毫，汤色黄绿、清澈明亮，叶底嫩黄明亮。

茶韵悠悠

第一泡品饮之鲜醇清香；第二泡茶香最浓，滋味最佳，要充分体验茶汤甘泽润喉、齿颊留香、回味无穷的特征；第三泡时茶味已淡，香气亦减。三泡之后，一般不再饮了。

【叶底】
黄绿嫩匀

【滋味】
鲜爽回甜

【香气】
清幽高雅

【汤色】
稍绿黄而明亮

【色泽】
润绿泛黄

【外形】
似雀舌、芽叶细嫩多毫

跟着茶经学泡茶

蒙顶黄芽

"蜀土茶称圣，蒙山味独珍。"四川蒙山不仅盛产绿茶名品蒙顶甘露，也是珍品黄茶蒙顶黄芽的故乡。

茶中珍品

蒙顶茶是蒙山所产名茶的总称。唐宋以来，川茶因蒙顶贡茶而闻名天下。白居易诗有"蜀茶寄到但惊新"之句。当时进贡到长安的名茶，大部分为细嫩散茶，品名有雷鸣、雾钟、雀舌、鸟嘴、白毫等，以后又有风饼、龙团等紧压茶。

现在，一些传统品类的名茶都被保留下来，并加以改进提高。品名有甘露、石花、黄芽、米芽、万春银叶、玉叶长春等。50年代初期以生产黄芽为主，称"蒙顶黄芽"，为黄茶类名优茶中之珍品。蒙山那终年朦朦的烟雨，茫茫的云雾，肥沃的土壤，优越的环境，为蒙顶黄芽的生长创造了极为适宜的条件。

知名度：★★★★★
冲泡难易度：★★★
品茗最佳季节：夏季
养生功效：抗御辐射、降脂减肥、护齿明目、生津止渴、消热解暑

国色茶香

蒙顶黄芽成品芽条匀整，扁平挺直，色泽黄润，全毫显露。叶底全芽嫩黄。

茶韵悠悠

蒙顶黄芽汤色黄中透碧，滋味甘醇鲜爽。在品着佳茗的同时，心间茶气上溢，舌尖茶香顿涌，闭眼凝神中，茶已在心间。

【叶底】
嫩黄匀齐

【汤色】
黄亮
【香气】
甜香浓郁
【滋味】
甘醇

【外形】
扁平挺直、
满披白毫
【色泽】
嫩黄油润

品鉴要点

　　不用炒青、不用揉捻的白茶，是六大基本茶类中制作工艺最精简的茶类。正是因为工艺简单，没有破坏茶叶中的内在物质，所以白茶中的营养成分最为丰富，素有"一年茶，三年药，七年宝"的美誉。

🍵 辨香识韵

　　白茶最主要的特点是毫色银白，有"绿妆素裹"之美感，且芽头肥壮，汤色黄亮，滋味鲜醇，叶底嫩匀。白茶的主要品种有银针、白牡丹、贡眉、寿眉等。尤其是白毫银针，全是披满白色茸毛的芽尖，形状挺直如针，在众多茶叶中，它是外形最优美者之一，令人喜爱。

　　白茶滋味清醇甘爽、香气纯正，叶底匀整、油嫩。

🍵 制作工艺

　　在各类茶叶中，白茶的制作工艺最简单，只有萎凋和干燥两道工序，而萎凋过程是形成白茶干茶密布白色茸毫品质的关键，分为室内萎凋和室外萎凋两种方法，根据气候的不同灵活运用，以春秋晴天或夏季不闷热的晴朗天气，采取室内萎凋或复式萎凋为佳。

　　因为没有揉捻工序，所以茶汁渗出的较慢，但是因为制法的独特，恰恰没有破坏茶叶本身酶的活性，所以保持了毫香显现、汤味鲜爽。

🍵 白茶冲泡技巧

水温：80℃左右

投茶量：茶与水的比例为1（克茶）：50（毫升水）

适用茶具：玻璃杯（壶）、瓷杯（壶）

🍵 基本分类

白芽茶：白毫银针等	
白叶茶：白牡丹、贡眉等	

跟着茶经学泡茶

🍃 鉴别白茶

可从以下几方面来鉴别白茶的优劣：

外形	嫩度以毫多而肥壮，叶张肥嫩的为上品；毫芽瘦小而稀少的，则品质次之；叶张老嫩不匀火杂有老叶、腊叶的，则品质差。
色泽	毫色银白有光泽，叶面灰绿（叶背银白色）或墨绿、翠绿的，则为上品；铁板色的，品质次之；草绿、黄、黑、红色及蜡质光泽的，品质最差。
净度	要求不得含有老梗、老叶及腊叶，如果茶叶中含有杂质，则品质差。
香气	以毫香浓显，清鲜纯正的为上品；有淡薄、青臭、失鲜、发酵感的为次。
滋味	以鲜爽、醇厚、清甜的为上品；粗涩、淡薄的为差。
汤色	以杏黄、杏绿、清澈明亮的为上品；泛红、暗浑的为差。
叶底	以匀整、肥软，毫芽壮多、叶色鲜亮的为上品；硬挺、破碎、暗杂、花红、黄张、焦叶红边的为差。

🍃 茶叶功效

白茶素有一年茶，三年药，七年宝的美誉。白茶的药效早在《本草纲目》中就有记载："白茶性寒凉，功同犀角。"中医药理证明，白茶味温性凉，具有退热降火、祛湿败毒的功效。在闽东北农村就常有用白茶炖冰糖来降火去燥，治疗牙疼、便秘等。在福鼎等白茶产地，也常用陈年白茶治疗小儿麻疹、发烧等。时至今日也常被称为"消炎祛火茶"。研究结果更表明，白茶还有保护心血管系统、抗辐射、抑菌抗病毒、抑制癌细胞活性等方面的功效。

白毫银针

白毫银针是白茶中的珍品，因为只能用春天茶树新生的嫩芽来制造，产量很少，所以非常珍贵。

🍃 北苑灵芽天下精

白毫银针的采摘十分细致，于每年的三月下旬至清明节前采摘，要求极其严格，规定雨天不采，露水未干不采，细瘦芽不采，紫色芽头不采，风伤芽不采，人为损伤芽不采，虫伤芽不采，开心芽不采，空心芽不采，病态芽不采，号称十不采。只采肥壮的单芽头，如果采回一芽一二叶的新梢，则只摘取芽心，俗称之为"抽针"。采摘难度大、采摘周期短，因此白毫银针的产量低、价格高。

白毫银针因为产地和茶树品种的不同，分为北路银针和南路银针两个品种。北路银针，产于福建福鼎，茶树品种为福鼎大白茶。南路银针，产于福建政和，茶树品种为政和大白茶，其光泽不如北路银针。

知名度：★★★★★
冲泡难易度：★★★
品茗最佳季节：夏季
养生功效：退热祛暑、降虚火、解邪毒、杀菌、抗氧化、抗衰老

🍃 国色茶香

白毫银针茶芽肥壮，形状似针，白毫披覆，色泽鲜白光润，闪烁如银，条长挺直；茶汤呈杏黄色，清澈晶亮，香气清鲜，入口毫香显露。

🍃 茶韵悠悠

白毫银针茶汤滋味因产地不同而略有不同。福鼎所产银针滋味清鲜爽口，回味甘凉；政和所产的银针汤味醇厚，香气清芬。

【叶底】
嫩匀完整、色绿

【滋味】
清鲜爽口

【香气】
毫香新鲜

【汤色】
杏黄

【色泽】
毫白如银、银灰有光泽

【外形】
芽壮肥硕、挺直似针

制茶有道

白毫银针的制法特殊，工艺简单。制作过程中，不炒不揉，只分萎凋和烘焙两道工序，其目的是使茶芽自然缓慢地变化，形成白茶特殊的品质风格。

具体制法是：采回的茶芽，薄薄地摊在竹制有孔的筛上，放在微弱的阳光下萎凋、摊晒至七八成干，再移到烈日下晒至足干。也有在微弱阳光下萎凋2小时，再进行室内萎凋至八九成干，再用文火烘焙至足干。还有直接在太阳下曝晒至八九成干，再用文火烘焙至足干。在萎凋、晾干过程中，要根据茶芽的失水程度进行调节，工序虽简单，但是要制出好茶，比其他茶类更为困难。

如何选购

好的白毫银针茶干茶长3厘米左右，整个茶芽为白毫覆被、银装素裹、熠熠闪光，令人赏心悦目。冲泡后香气清鲜，滋味醇和。其他银针茶外形粗壮、芽长、毫毛略薄，光泽不如白毫银针。

家庭存茶

可将白茶用锡袋密封包装后，再置于密度高、有一定强度、无异味的密封塑料袋中（茶叶的水分含量不要超过6%，否则会影响保质效果）。或者放入冰箱冷藏室中（茶叶单独贮放），即使放上一年，茶叶仍然可以芳香如初，色泽如新。

🍵 泡茶准备

适宜茶具	玻璃杯
水温	80℃左右
茶水比例	1（克茶）：50（毫升水）
冲泡方法	玻璃杯之下投法

🍵 备盏

玻璃杯、茶则、水盂。

🍵 冲泡

❶ 温杯：向玻璃杯中注入少量热水，手持杯底，缓慢旋转使杯中上下温度一致，将废水倒入水盂中。

❷ 投茶：用茶则将茶取出，投入杯中。

❸ 冲泡：将水冲至杯的七成满即可。白毫银针泡饮方法与绿茶基本相同，但因其未经揉捻，茶汁不易浸出，冲泡时间宜较长。

❹ 赏茶：冲泡五六分钟后，才有部分茶芽沉落杯底。此时茶芽条条挺立，上下交错，犹如雨后春笋。

白牡丹

白牡丹是白茶中的"美神"，它匀净成朵状的外形，足以令人沉醉。冲泡后的茶叶像极了盛开的牡丹花朵，故而得其名。

🍵 一丝不苟的精细制茶

白牡丹原料采自政和大白茶、福鼎大白茶及水仙等优良茶树品种，选取毫芽肥壮，洁白的春茶加工而成。其制作工艺关键在于萎凋，要根据气候灵活掌握，以春秋晴天或夏季不闷热的晴朗天气，采取室内自然萎凋或复式萎凋为佳。精制工艺是在拣除梗、片、腊叶、经张、暗张进行烘焙，只宜以火香衬托茶香，保持香毫显现，汤味鲜爽。

🍵 国色茶香

白牡丹外形毫心肥壮，叶张肥嫩，叶缘垂卷，叶态自然，叶色灰绿，夹以银白毫心，呈"抱心形"，叶背遍布洁白茸毛。茶汤颜色

知名度：★★★
冲泡难易度：★★★
品茗最佳季节：夏季
养生功效：生津止渴、清肝明目、防龋坚齿、解毒利尿、除腻化积、减肥美容

杏黄或橙黄清澈，叶底浅灰，叶脉微红，香味鲜醇。叶底嫩匀完整，叶脉微红。

🍵 茶韵悠悠

白牡丹一入口就能感受到醇厚的甜味，没有什么苦涩味。冲泡后的白牡丹，碧绿的叶子衬托着嫩嫩的叶芽，形状优美，好似牡丹蓓蕾初放。

【叶底】
嫩匀完整

【滋味】
清醇微甜

【香气】
鲜嫩持久

【汤色】
杏黄明亮

【色泽】
深灰绿或暗青苔色

【外形】
芽叶卷曲成朵

品鉴要点

花茶是集茶味之美、鲜花之香于一体的茶中珍品。由精制茶坯与具有香气的鲜花拌和，通过一定的加工方法，促使茶叶吸附鲜花的芬芳香气而成。茶香典雅、朴素，而花香则时尚、清新，把茶叶和鲜花的香气融会在一起，珠联璧合。

辨香识韵

花茶又称熏花茶、香花茶、香片，为中国独特的一个茶叶品类。花茶是集茶味与花香于一体，茶引花香，花增茶味，相得益彰。既保持了浓郁爽口的茶味，又有鲜灵芬芳的花香。

制作工艺

花茶是利用茶善于吸收异味的特点，将有香味的鲜花和新茶一起闷，待茶将香味吸收后再把干花筛除而制成的。花茶香味浓郁，茶汤色深，深得偏好重口味的北方人喜爱。最普通的花茶是用茉莉花制的茉莉花茶，根据所用的鲜花不同，还有玉兰花茶、桂花茶、

珠兰花茶、玳玳花茶等。普通花茶都是用绿茶制作，也有用红茶制作的。

由于窨花的次数不同和鲜花种类不同，花茶的香气高低和香气特点都不一样，其中以茉莉花茶的香气最为浓郁，是我国花茶中的主要产品。

冲泡后的花茶，花香袭人，甘芳满口，令人心旷神怡。

花草茶冲泡技巧

水温：视茶坯而定，如果茶坯为绿茶则水温在80℃左右；如果茶坯为乌龙茶则必须是100℃的沸水。

投茶量：茶与水的比例为1（克茶）:50（毫升水）

适用茶具：盖碗、瓷杯（壶）

基本分类

绿茶类花茶：茉莉花茶、桂花花茶、柚子花茶、桂花龙井、茉莉香菊
红茶类花茶：玫瑰红茶
青茶类花茶：桂花铁观音、茉莉乌龙、桂花乌龙、树兰色种

跟着茶经学泡茶

🫖 鉴别花茶

鉴别优劣花茶

掂重	买花茶时，先抓一把茶叶掂掂重量，并仔细观察有无花片、梗子和碎末等。优质花茶较重，且不应有梗子、碎末等东西；劣质花茶重量较轻，有少量的杂质。
看形	花茶的外形以条索紧细圆直、色泽乌绿均匀、有光亮的为好；反之，条索粗松扭曲、色泽黄暗的不好，甚至是陈茶。
闻味	闻一闻有无其他不应有的异味，然后放在鼻下深嗅一下，辨别花香是否纯正。质量好的花茶香气冲鼻，香气不浓的则没有这种感觉，其质次。

鉴别真假花茶

真花茶	是用茶坯（原茶）与香花窨制而成。高级花茶要窨多次，香味浓郁。
假花茶	是指拌干花茶。在自由贸易市场上，常见到出售的花茶中，夹带有很多干花，并美其名为"真正花茶"。实质上这是将茶厂中窨制花茶或筛出的无香气的干花拌和在低级茶叶中，以冒充真正花茶，闻其味，是没有真实香味的，用开水泡后，更无香花的香气。

🫖 茶叶功效

　　花茶中含有的多酚类物质，能除口腔细菌；其中的儿茶素能抑菌、消炎、抗氧化，有助于伤口的愈合，还可阻止脂褐素的形成。茶叶中的绿原酸，亦可保护皮肤，使皮肤变得细腻、白润、有光泽。同时鲜花含有多种维生素、蛋白质、矿物质、糖类等，鲜花的芳香油具有镇静、调节神经系统的功效。

茉莉花茶

常见的花茶有茉莉花茶、菊花茶等，其中以茉莉花茶最有名。

🍵 花的魂魄 春的气味

茉莉花茶是花茶的珍品，迄今已有七百余年的历史，有着"在中国的花茶里，可闻春天的气味"的美誉，是我国乃至全球的最佳天然保健品。

茉莉花茶是将茶叶和茉莉鲜花进行拼和、窨制，使茶叶吸收花香而成的，茶香与茉莉花香交互融合。茉莉花茶使用的茶叶称茶坯，多数以绿茶为多，少数也有红茶和乌龙茶。顶级的茉莉花茶工艺复杂，用茶坯和精选的茉莉花蕾，经过多次窨制而成，只闻其香，不见其花，喝到嘴里犹如含着花的魂魄，品到春天的气息。

> 知名度：★★★★★
> 冲泡难易度：★★★
> 品茗最佳季节：春季
> 养生功效：清肝明目、祛痰治痢、通便利水、祛风解表、降血压、防癌、抗衰老

🍵 国色茶香

茉莉花茶干茶条索紧细匀整，色泽黑褐油润；叶底嫩匀柔软。

🍵 茶韵悠悠

经闻香后，待茶汤稍凉适口时，小口喝入，并将茶汤在口中稍事停留，以口吸气、鼻呼气相配合的动作，使茶汤在舌面上往返流动6次，充分与味蕾接触，品尝茶叶和香气后再咽下，这叫"口品"。民间对饮茉莉花茶有"一口为喝，三口为品"之说。

【叶底】
鲜嫩

【滋味】
气味清香，甘中微苦

【香气】
含浓郁之茉莉花香

【汤色】
红艳透明

【色泽】
乌润

【外形】
颗粒饱满

🍵 制茶有道

　　花茶窨制过程主要是鲜花吐香和茶坯吸香的过程。茉莉鲜花的吐香是生物化学变化，成熟的茉莉花在酶、温度、水分、氧气等作用下，分解出芳香物质，随着生理变化而不断地吐出香气来。茶坯吸香是在物理吸附作用下，随着吸香的同时也吸收大量水分，由于水的渗透作用，产生了化学吸附，在湿热作用下，发生了复杂的化学变化，茶汤从绿逐渐变黄亮，滋味由淡涩转为浓醇，形成特有的花茶的香、色、味。

🍵 如何选购

　　选购茉莉花茶时，先看其外观。一般特种茉莉花茶原料嫩度好，芽毫显露。普通的茉莉花茶原料嫩度较差，条形松，且不够匀整。优质的茉莉花茶冲泡5次以上，依然花香浓郁，而低廉的花茶3次冲泡后就淡而无味了。

🍵 家庭存茶

　　茉莉花茶的保存和其他茶叶一样，应放在密封、通风、干燥、避光和低温的环境下。茉莉花茶属于再加工茶，放久了不仅香气和口感会变淡，还容易变质，因此建议不可久置。

> **茶博士小课堂**
>
> 　　花茶的窨制传统工艺程序：玉兰花打底、茶坯与茉莉鲜花拼和、堆窨、通花、收堆和起花、烘焙、冷却、转窨或提花、匀堆、装箱。

泡茶准备

适宜茶具	盖碗
水温	85℃左右
茶水比例	1（克茶）：50（毫升水）
冲泡方法	盖碗冲泡

备盏

盖碗、茶则、水盂。

冲泡

❶ **准备：** 将足量水烧开，放至水温降到85℃左右备用。

❷ **温具：** 向盖碗里注入少量热水，温杯润盏。杯身和杯盖都要温烫到。

❸ **投茶：** 用茶则将茉莉花茶取出，并投入盖碗中。

❹ **冲水：** 冲水至七成满，盖好杯盖。

❺ **敬茶：** 双手持杯托将茶敬给客人。

⑥ 闻香：一手持杯托，一手按杯盖让前沿翘起闻香。

⑦ 刮沫：品饮之前用杯盖轻刮汤面，拂去茶叶。

⑧ 品饮：品饮盖碗茶的时候，女士用双手，左手持杯托，品饮时右手让杯盖后延翘起，从缝隙中品茶。

男士品饮盖碗茶时则用一只手，不用杯托，直接用拇指和中指握住碗沿，食指按碗盖让后延翘起，品饮。

冲泡要领

　　冲泡茉莉花茶时，头泡应低注，冲泡壶口紧靠杯口，直接注于茶叶上，使香味缓缓浸出；二泡采用中斟，壶口稍离杯口注入沸水，使茶水交融；三泡采用高冲，壶口离茶杯口稍远冲入沸水，使茶叶翻滚，茶汤回荡，花香飘溢。

玫瑰花茶

冲泡一杯玫瑰花茶，就如同把玫瑰种在自己的水杯里，品饮的时候，可以看杯中鲜花绽放。

珠联璧合花与茶

玫瑰窨制花茶，早在我国明代钱椿年编、顾元庆校的《茶谱》、屠隆《考盘馀事》、刘基《多能鄙事》等书就有详细记载。我国现今生产的玫瑰花茶主要有玫瑰红茶、玫瑰绿茶、墨红红茶、玫瑰九曲红梅等花色品种。

玫瑰花茶所采用的茶坯有红茶、绿茶，鲜花除玫瑰外，蔷薇、桂花和现代月季也具有甜美、浓郁的花香，也可用来窨制花茶。

国色茶香

玫瑰花茶香气具浓、轻之别，和而不猛。优质玫瑰花茶较重，没有梗子、碎末等。外形以颗粒饱满、色泽均匀，色鲜朵大气香为上品。

茶韵悠悠

玫瑰花茶不但适合在春天饮用，还可以表达你的感受和状态，玫瑰的浪漫，让玻璃杯不再只是单一的色彩，有时，这样简单的快乐，不经意间成就了最美的容颜。

【叶底】
鲜嫩

【香气】
有浓郁香气

【滋味】
气味清香，
甘中微苦，
含浓郁之玫瑰花香

【汤色】
红艳透明

【外形】
颗粒饱满

【色泽】
乌润，
显露花片

玫瑰花茶既保持了茶的甘冽清爽，又彰显了花的鲜灵芬芳，茶的恬静融入了花的优雅，是生活里一种特别的香。投入水中，几瓣红艳的花蕾舒展开。轻呷一口，一缕香而不浮的茶汤直沁心脾，心灵为之涤荡。

花茶种类繁多、特征各异，因此，在饮用时必须弄清不同种类的花茶的药理、药效特性，才能充分发挥花茶的保健功能。

各类花草茶的功效

金银花	具有清热、解毒、润肺化痰、补血养血、通筋活络、缓解咳嗽、抗病毒之功效。
茉莉花	可改善昏睡及焦虑现象，对慢性胃病、月经失调也有功效。茉莉花与粉红玫瑰花搭配冲泡饮用有瘦身的效果。
辛夷花	排毒养颜，消暑止咳，降压减肥。
马鞭草	有强化肝脏代谢的功能，并具有松弛神经、帮助消化以及改善腹胀气的功效，可以治偏头疼，还有瘦身的功用。孕妇禁用。
紫玫瑰	可帮助新陈代谢、排毒通便、纤体瘦身、调整内分泌，最适合因内分泌紊乱而肥胖的人士。
洛神花	可解毒、利尿、去浮肿，促进胆汁分泌来分解体内多余的脂肪。
柠檬片	可利尿，调剂血管通透性，适合浮肿虚胖的人士。
决明子	促进胃肠蠕动，清除体内宿便，降低血脂、血压。通便减肥效果好。
甜菊叶	天然甜味剂，是瘦身者的良伴，几乎没有热量，最适合想吃甜的又怕胖的人士，主要是和别的花草茶搭配起来饮用，充当甜味剂。
荷叶	自古以来为瘦身的良药，可以清火、利尿、清脂、通便。
薄荷	具有清凉解毒、刺激食欲、消除胃胀气、助消化、去除口臭等功效。对肥胖人士、糖尿病患者等都有好处，还能清新口气，可以去油腻。薄荷干湿都能用。
甘草	可以抑制胆固醇，还能增强免疫力，抑制炎症，但会使血压升高，不适合高血压的人。
迷迭香	抵御电脑辐射，提神醒脑、疗头痛、增强记忆力；助消化，消除胃肠胀气，治腹痛；促进头皮血液循环，改善掉发和秃头现象，降低头皮屑的发生；减肥、消水肿、抗老化；促进血液循环，降低胆固醇，抑制肥胖等。它的功效很多，是一味很好的花草茶。
千日红	是花草茶中非常特别的品种，若选用上佳品种，冲泡时可以看到花慢慢地打开，如水中开花一般。功效方面，可护肤养颜，亦有利尿的功效。还有清肝明目、止咳、降压排毒、解除疲劳的功效。
玉蝴蝶	具有清肺热、利咽喉、美白肌肤、降压减肥、提高免疫力、防癌、排毒、解渴、解酒、促进机体新陈代谢的功效。
百合花	对于阴虚久咳、痰中带血、虚烦惊悸、失眠多梦、精神恍惚等有奇效。可清肠胃、排毒，治疗便秘，和玫瑰花、柠檬、马鞭草一起泡效果更佳。

造型花茶

造型花茶是手工制成的花茶，与窨制花茶有很大的区别，是将一些干花和茶叶进行人工捆绑后，经过造型，花中有茶，茶中有花，极具观赏性。在冲饮中既能闻到天然茶叶和鲜花的醇香，又有赏心悦目的艺术享受。

冲泡造型花茶，一般选用漂亮、耐高温的玻璃茶具，用沸水冲入，待花和茶叶绽开即可。

茉莉仙桃

双龙戏珠

出水芙蓉

丹桂飘香

跟着陆羽喝对茶

茶不仅是中国的一种文化符号，更是国人千百年来养生保健的一种重要方式。现在我们就跟着陆羽一起来揭开这小小的一片茶叶里所隐藏的奇妙功效。

喝对茶更健康

茶之为用，味至寒，为饮最宜精行俭德之人，若热渴、凝闷、脑疼、目涩、四支烦、百节不舒，聊四五啜，与醍醐、甘露抗衡也。采不时，造不精，杂以卉，莽饮之成疾，茶为累也。亦犹人参，上者生上党，中者生百济、新罗，下者生高丽。有生泽州、易州、幽州、檀州者，为药无效，况非此者！设服荠苨，使六疾不瘳。知人参为累，则茶累尽矣。

——《茶经》原文

陆羽指出了茶性寒凉，为了去除茶性中的寒凉，茶叶的加工技术至关重要，比如炒茶就是把火气融入茶叶，用以中和其中的寒凉之气。陆羽同时指出了茶的各种保健功效，"聊四五啜"之后可与醍醐、甘露相媲美，非常殊胜。但是，如果采摘不适时，加工不精细，夹杂着野草败叶，便成为疾病的根源了。

从这里可以看出茶类的加工方法会造成茶性功效的差异。不发酵的绿茶、半发酵的乌龙茶，渥堆发酵的普洱茶、自然晒干的白茶，对人体寒热调解的效果都不一样。

现代人生活节奏快、压力大，体质普遍走两个极端：寒凉和肝火旺。这两种亚健康体质如果选择茶叶不对，品饮方式不适合，便容易造成"结瘕疾"了。人们要健康饮茶，就要从寒凉适中去平衡人体阴阳。

了解体质喝对茶

尽管茶是"万病之药"，但不是任何茶都能适合每一个人。喝茶前先认清自己的体质，才能喝得更健康。

寒性体质

特征：1. 常觉得精神虚弱且容易疲劳

2. 面色苍白、唇色薄淡

3. 手足常冰凉，怕冷，容易出汗

4. 大便稀、小便清白

5. 喜欢喝热饮，很少口渴

适合茶类：温热属性的茶，如红茶、乌龙茶

热性体质

特征：1. 全身经常发热又怕热，面色通红

2. 脾气差且易心烦

3. 喜欢吃冰凉的东西

4. 喜喝水但仍觉口干舌燥

5. 常便秘或粪便干燥，尿液较少且偏黄

适合茶类：寒凉属性的茶，如绿茶、苦茶、菊花茶

实性体质

特征：1. 小便为黄色、尿量少且常便秘

2. 活动量大、声音宏亮、精神佳

3. 身体强壮、肌肉有力

4. 脾气较差、心情容易烦躁

5. 易失眠，舌苔厚重、有口干口臭

适合茶类：苦寒性的茶，如绿茶、白茶、苦茶等

虚性体质

分为阳虚和阴虚，阳虚体质和寒性体质接近，阴虚体质和实性体质接近。

阳虚体质

特征：1. 一般形体白胖或面色淡白无华

2. 怕寒喜暖、四肢倦怠

3. 小便清长、大便时稀

4. 唇淡口和

5. 常自汗出、脉沉乏力

适合茶类：红茶、乌龙茶、普洱茶等

阴虚体质

特征：1. 一般形体消瘦、面色潮红

2. 口燥咽干、心中时烦

3. 手足心热

4. 少眠

5. 便干、尿黄

6. 多喜冷饮

7. 脉细数、舌红少苔

适合茶类：绿茶、白茶、苦茶等

茶叶中的营养成分

古人主要通过茶叶特性来认识和发挥其药用价值，现代则主要通过分析研究茶叶所含的成分来发掘茶叶的保健功效。那么茶叶中究竟含有哪些成分让它具有如此神奇的功效呢？

茶多酚

茶多酚是茶叶中三十多种酚类物质的总称，包括儿茶素、黄酮类、花青素和酚酸等四大类物质。其中儿茶素约占70%，是决定茶叶色、香、味的重要成分；黄酮类物质是形成茶叶汤色的主要物质之一；花青素呈苦味，如花青素过多，茶叶品质就会受到影响；酚酸含量较低，包括绿原酸、咖啡酸等。

生物碱

茶叶中的生物碱包括咖啡碱、可可碱和茶碱。其中以咖啡碱的含量最多，而其他的含量较少，所以咖啡碱的含量也作为鉴别真假茶的特征之一。

咖啡碱易溶于水，是形成茶叶滋味的重要物质。可以提神、利尿、促进血液循环并有助于消化。

矿物质元素

茶叶中含有氟、钙、磷、钾、硫、镁、锰、锌、硒、锗等多种矿物质元素。其中钾可维持心脏的正常收缩；锰参与人体多种酶促反应，并与机体的骨骼代谢、生殖功能和心血管功能有关；磷是骨骼、牙齿及细胞核蛋白的主要成分；硒和锗在对抗肿瘤方面有积极的作用。

酶类

茶叶中酶类很多，包括氧化还原酶、水解酶、合成酶等。酶作为一种催化剂，在茶叶加工过程中起着重要的作用，使茶按照所需的要求发生酶促反应而获得各类茶特有的色香味。

蛋白质

茶鲜叶中原有的以及在茶叶加工过程中降解形成的可溶性蛋白质，在冲泡茶叶时会溶解于水，被人体吸收。

茶叶中氨基酸的种类很丰富，多达25种以上，对促进生长和智力发育、增强造血功能、防止早衰等都有显著作用。

维生素

茶叶中含丰富的维生素，分为脂溶性维生素和水溶性维生素两类。

脂溶性维生素有维生素A、维生素D、维生素E、维生素K等，可预防夜盲症、白内障，并有抗癌作用。

水溶性维生素有维生素C、维生素B_1、维生素B_2、维生素B_3、维生素B_5、维生素B_{11}、维生素P和肌醇等，其中维生素C含量最多，有抗癌、防衰老、防治坏血症和贫血、控制乙型肝炎及预防流感等作用。

糖类

茶叶中的糖类包括单糖、双糖和多糖三类。单糖和双糖为可溶性糖,易溶于水;多糖包括淀粉、膳食纤维和木质素等物质,不溶于水,是衡量茶叶老嫩度的重要成分,多糖含量高,则茶叶嫩度低,多糖含量低则嫩度高。

类脂类

茶叶中的类脂物质包括脂肪、磷脂、甘油酯、糖脂和硫酯等,对形成茶叶香气有着非常重要的作用。

有机酸

茶叶中含有丰富的有机酸,多达25种,多为游离有机酸,如苹果酸、柠檬酸、草酸等。有些是香气成分的良好吸附剂,如棕榈酸等;有些本身无香气,但经氧化后会转化为香气成分。

芳香物质

茶叶中的芳香物质是茶叶中挥发性物质的总称,主要成分有醇、酮、酚、醛、酸、酯类、含氮化合物、含硫化合物、碳氢化合物等十多类。据分析,绿茶香气成分化合物达一百多种,红茶和乌龙茶香气成分化合物达三百种之多。

下篇

品茶经，悟茶道

凡炙茶，慎勿于风烬间炙，熛焰如钻，使炎凉不均，持以逼火，屡其翻正，候炮出培塿，状虾蟆背，然后去火五寸，卷而舒则本其始，又炙之。若火干者，以气熟止；日干者，以柔止。其始，若茶之至嫩者，茶罢热捣，叶烂而牙笋存焉。假以力者，持千钧杵，亦不之烂，如漆科珠，壮士接之不能驻其指，及就则似无穰骨也。炙之，则其节若倪倪如婴儿之臂耳。既而承热用纸囊贮之，精华之气无所散越。候寒末之。其火，用炭，次用劲薪。其炭，曾经燔炙，为膻腻所及，及膏木、败器，不用之。古人有劳薪之味，信哉！其水，用山水上，江水中，井水下。其山水，拣乳泉，石地慢流者上，其瀑涌湍漱者勿食之，久食令人有颈疾。又水流于山谷者，澄浸不泄，自火天至霜郊以前，或潜龙畜毒于其间，饮者可决之，以流其恶，使新泉涓涓然，酌之。

茶 之源
南方有嘉木

　　一片茶叶，落入茶杯，在杯中起舞。虽鲜嫩娇小，却承载着厚重的历史。小小一嫩芽，纵贯中国历史上下五千年。

一杯清茶五千年

中国是茶的发源地

> 　　茶者，南方之嘉木也。一尺二尺，乃至数十尺。其巴山峡川有两人合抱者，伐而掇之，其树如瓜芦，叶如栀子，花如白蔷薇，实如栟榈，叶如丁香，根如胡桃。
>
> ——《茶经》原文

　　"所谓茶，是生长在南方的一种优良植物。茶树有一尺二尺，甚至数十尺高。在巴山和峡川一带，最粗的茶树需两人合抱。需要砍伐其枝，才能采摘到茶叶。茶树长得很像瓜芦，茶树叶像栀子花的叶，茶花如同白蔷薇，果实如棕榈，蒂似丁香，根像胡桃。茶这个字的结构，可从"木"部，也可从"草"部，或者两个都从。"

　　《茶经》中记载的我国"巴山峡川"有"两人合抱"的大茶树，陆羽对茶树形态做了比拟的描述。其实，在《茶经》之前的古代史料中，已有关于我国西南地区是茶树原产地的记述：

　　晋代《华阳国志·巴志》中就有记载，公元前1066年武王伐纣时，巴蜀一带已用所产的茶叶作为"纳贡"珍品，这是茶作为贡品的最早记述，也说明了早在三千多年前的商周时期，我国就已经开始栽培和利用茶树。

　　清代学者顾炎武在《日知录》里考证："自秦人取蜀之后，始有茗饮之事"。可知最早有茶饮者，亦在我国西南地区。我国西南地区的自然条件极宜于茶树的生长。据近年来的科学调查，我国云南、贵州、四川是世界上最早发现野生茶树和现在野生大茶树最多、最集中的地区。

　　西汉王褒的《僮约》一书中已有"武阳买茶"的记载，武阳是今成都附近的彭山县双江镇，茶叶能够成为商品在市场上自由买卖，这表明四川一带已有茶叶作为商品出现，是茶叶进行商贸的最早记载。

　　然而，在见诸文字之前，人类发现茶树，学会使用茶树，又过了很长很长时间，一代一代人传承着用茶的经验……最后才见诸于文字记载。因此，茶的起源必是远远早于有文字记载的。

千古茶风

"柴米油盐酱醋茶"，为什么不是咖啡、不是牛奶，偏偏是茶进入了开门七件事，走进了我们的日常生活？回望历史深处，或许能找到答案。

◎ 茶叶本是偶中得

起初，茶只是一个意外的发现。神农氏是最早发现和利用茶的人。相传他曾尝百草，中毒后用茶叶来解毒。也就是说，早在几千年前，我们的祖先还处于由狩猎时代演变到养殖和耕种的时代，就已经发现和利用茶叶了。

茶的饮用与医药功能，在神农氏亲口咀嚼的尝试中为人们所发现。所以在最初很长的时期，茶一直被作为药品服用。直到秦、汉时期，由于人工栽培的茶树多起来，人们发现了茶生津醒神的功能，制茶和饮茶才渐成风气。

好东西注定不会只偏安一隅，茶叶也随着历史的进程从西南开始传播出去，扩散到了南北方。西汉时茶叶作为贡品，通过进贡渠道来到了京城长安，开始形成茶习俗并出现了茶叶市场。到了晋朝，茶叶在南方已经成为普遍之物。

◎ 唐朝成为举国之饮

"自从陆羽生人世，人间相学事新茶。"《茶经》的出现将饮茶上升到艺术的高度，并且将饮茶由一习惯、爱好升华为一种文化、修养和境界。诗人白居易曾描写过喝茶的一种状态："坐酌泠泠水，看煎瑟瑟尘。无由持一碗，寄与爱茶人。"可见当时茶已经不只是一个饮品，而成为某种浪漫和诗意的寄托。这份注入在茶里的文化，更是经由无数诗歌、茶马贸易、佛教传遍唐朝的大江南北。平民百姓把茶看成盐米，文人墨客把茶看成雅事，茶叶成为举国之饮。

◎ 飞入寻常百姓家

茶的地位在宋朝最高，宋朝的饮茶习俗最鼎盛。明、清两代，泡茶之用具变得讲究起来，精巧的紫砂壶和瓷器茶具品种繁多，精美茶具进入了百姓人家。

从高于生活到走进生活，茶就是在时间的催化下，在一代代人的传承下，这样与中国人结缘的，最后成为我们生活里无法分割的一部分。

好山好水出好茶

唐人好茶，求于险峰山野

其地，上者生烂石，中者生砾壤，下者生黄土。凡艺而不实，植而罕茂。法如种瓜，三岁可采。阴山坡谷者，不堪采掇，性凝滞，结瘕疾。

——《茶经》原文

陆羽认为最好的茶树应以青山翠壑做伴，与清风云雾为侣，在烂石里扎根。唯有如此，才能长出上好佳茗。其次是长在砂石砾壤里，品质最差的茶树生长于黄土平原。凡是种植技术不严密扎实的，尽管种植也不会长得茂盛。种茶如果能像种瓜那样精心照拂，三年就可以采摘茶叶。背阴山谷里生长的茶树，就不能采摘。因为它有太重的寒性，喝了会凝聚滞留在腹内，使人患疾。

从表面上看，这似乎是文人雅士对茶"高洁"品质的一种需求，用我们现代的话说，陆羽和那个时代爱茶的人都有些"小资"情节。

但陆羽对于茶树的这种要求，用现代科学的眼光看是有一定道理的。

因为茶树起源于我国西南地区亚热带雨林之中，在人工栽培之前，它和热带森林植物共生，被高大树木所荫蔽，在漫射光多的条件下生长发育，形成了喜温、喜湿、耐荫的生活习性。而南方地区雨量充沛，在海拔800~1200米的山地，云雾缭绕，雾多、漫射光多、湿度大、昼夜温差大，正好满足了茶树生长发育对环境条件的要求。也正因如此，自古以来，名茶就与名山大川有着不解之缘。

今人种茶，多在山区坡地

如果茶叶都像古人说的那样，只种植于悬崖峭壁，也许茶就很难走入寻常百姓家了。经过了千百年的经验总结和现代科学研究，现在茶农对茶树的种植水平已经远远超过陆羽的想象了。

◎ **地形**

种植茶树必须选择适合其生长的有利地形，主要有海拔高度、坡度大小以及坡向等。在一定高度的山区，雨量充沛，云雾多，空气湿度大，漫射光较强，有利于茶树的生长发育和有机物的合成和积累，茶叶香高味重。

但海拔的高度也不是越高越好，在1000米以上，由于气温大幅度降低，即使是在南方的一些高山顶部也会有冻害发生，会影响茶叶的产量。对坡向的选择，以偏南向的山坡为好，且坡度不宜太大，通常要求海拔在800米以下，坡度在30度以内的茶园为宜。

◎ **土壤**

一般是土层厚达1米以上不含石灰石，排水良好的砂质土壤，有机质含量1%～2%或以上，通气性、透水性或蓄水性能好。酸碱度pH值4.5～6.5为宜。

◎ **雨量**

雨量平均，且年降雨量在1500毫米以上。不足和过多都有影响。

◎ **阳光**

光照是茶树生存的首要条件，不能太强也不能太弱。茶树对紫外线有特殊嗜好，因而高山出好茶。

◎ **温度**

茶树是一种比较娇嫩的植物，尤其是对于温度的要求较高，气温日平均需10℃，最低不能低于零下10℃。年平均温度在18℃～25℃。

茶 之具
工欲善其事，必先利其器

茶叶生长环境和精湛的制作工艺相辅相成，好的芽叶加上好的做工才能生成好茶。了解茶叶的采制过程，对我们熟悉茶性很有帮助，对泡好一杯茶更有必要。

唐代采制茶叶常用工具

籯 有人称为篮子，有人称为笼，有人称为筥。是用竹篾编织而成，可以盛放五升茶叶，还有盛放一斗、二斗、三斗的，是采茶人背着采茶用的。

杵臼 又叫做碓，用以捣碎蒸熟的芽叶，使用时间越长的越好。

规 又叫做模，或者叫做棬。用铁制成，有圆形、方形、花形三种，是一种模具，用以把茶压紧，做出一定的造型。

灶 不要用有烟囱的，目的是使火力集中于锅底。

釜 即锅，要使用边缘向外翻如同口唇形状的锅。

棨 又叫做锥刀。用坚实的木料做柄，是用来给茶饼穿洞眼的。

承 又叫做台，或者叫做砧，用石头制成。也可以用槐树、桑树做，但要深埋一半进土中，为了在拍茶饼时不至于摇晃。

扑 又叫做鞭，用竹子编成，用来把茶饼穿成串，以便搬运到焙炉上。

焙 在地上挖一个深二尺、宽二尺五寸、长一丈的坑。坑四周砌低墙，高二尺，用泥抹平整。

贯 用竹子削制而成，长二尺五寸，用来穿茶饼以供焙烤之用。

棚 又叫做栈。是用木料制作而成，放在培窑上的架子，分上下两层，相距一尺，用来焙制茶饼。茶饼焙到半干时，由下层挪到上层；全部焙干后，依次从上层取下。

襜 又叫做衣。用油绢或穿坏了的雨衣、单衣做成。把襜布铺在砧板上，再把模放到襜布上，然后拍打制造压紧的茶饼。茶饼拍成后，取出茶饼和襜布，再拍打时另外换一块。

芘莉 又叫做籯子，或筹莨。用两根各长三尺的小竹竿，制成身长二尺五寸，手柄长五寸，宽二尺的工具。当中用竹篾织成方眼格子，好像农民用的箩，用来放置茶饼。

育 用木头制成的框架。四周用竹篾编成竹壁，竹壁用纸裱糊，里面有隔间，上面有盖，下面有托盘，两旁有门，其中一扇门关闭。在中间放置一个盛火器，储积着细小的火灰让它们略微地燃烧。到江南梅雨季节时，烧水用火温烘干茶饼。

甑 一种蒸制用具，有木制或陶制的。缘口和锅接缝的地方要用泥封严。中间的竹算是篮子形状，两边的提耳用竹篾系牢。开始蒸茶时，把鲜茶叶放到算里。等到蒸熟了，从算里倒出。锅里的水如果干了，从甑口加些水进去。再用三杈的榖木翻拌，把蒸好的茶叶及时摊开，防止茶汁流失。

穿 江东、淮南一带的人用竹篾制作而成，巴山峡川一带的人用树皮搓制而成。江东一带，把重量一斤的茶饼串称大穿，半斤重的茶饼串称中穿，四五两重的茶饼串称小穿。三峡一带，把120斤的茶饼串叫大穿，80斤的茶饼串叫中穿，50斤的茶饼串叫小穿。

"穿"字，过去曾经写成钗钏的"钏"字，或者写成贯串的"串"字。如今不这样写，就像"磨、扇、弹、钻、缝"这五个字，书面上的字形读平声，如果按照另一意思用，则又读去声。所以这里"穿"字读去声，用来称呼这种扎成串的茶饼。

下篇 品茶经·悟茶道

现代茶叶采制

从唐至今经历了一千多年的岁月变迁，茶的生长环境、种植方式、自然环境都有了变化，采茶也已经从手工采摘过渡到机械采摘，但小范围内，竹器依然是茶农采茶时的必备工具，名贵茶叶的采集也仍然是靠手工来完成。

或许，我们在端起茶杯的那一刻，并不会想到那些采茶、制茶，为茶流过汗的茶人们，可他们的匠心，都化作了我们杯中的茶汤。

采摘标准

现代茶类丰富多彩，品质特征各具一格。对茶叶采摘标准的要求差异很大，归纳起来，大致可分为四种情况：细嫩采、适中采、特种采、成熟采。

细嫩采

是对细嫩新梢的采摘。按照这种采摘标准采制的茶叶，主要用来制作高档名茶，如高级西湖龙井、洞庭碧螺春、君山银针、庐山云雾等。细嫩采对鲜叶嫩度要求很高，一般是讲究采摘茶芽和一芽一叶，以及一芽二叶初展的新梢。

适中采

是对中等嫩度新梢的采摘。按照这种采摘标准采制的茶叶，主要用来制作大宗红、绿茶，如眉茶、珠茶、工夫红茶、红碎茶等。要求鲜叶嫩度适中，一般以采一芽二叶为主，兼采一芽三叶和幼嫩的对夹叶。按照这种采摘标准采摘的茶叶品质较好，产量也较高，是目前最普遍的采摘标准。

特种采

是对叶片完全展开的新梢的采摘。按照这种采摘标准采制的茶叶，主要用来制造一些传统的特种茶，如乌龙茶。采摘标准是待新梢长到顶芽停止生长，顶叶尚未"开面"时采下三四叶，俗称"开面采"或"三叶半采"。这种采摘标准，全年采摘批次不多，产量一般。

成熟采

也叫"粗老采"，是待新梢基本成熟时，下部老化时才用刀割去新枝基部一两片成叶以上全部枝梢的采茶方法。采用这种采摘标准采制的茶叶，主要用来制作边销茶。采摘标准需等到新梢长到顶芽停止生长，下部基本成熟时，采去一芽四五叶和对夹三四叶。这种采摘方法，采摘批次少，花费人工并不多。

采制一叶茶

鲜叶规格

茶叶有：单芽、一芽一叶、一芽二叶、一芽三叶、一芽四叶、一芽五叶。

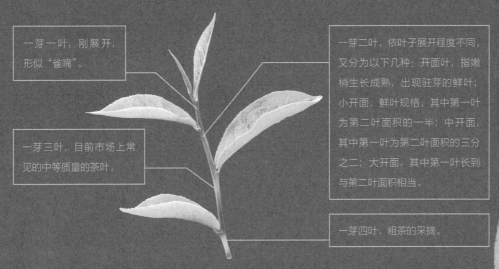

一芽一叶，刚展开，形似"雀嘴"。

一芽三叶，目前市场上常见的中等质量的茶叶。

一芽二叶，依叶子展开程度不同，又分为以下几种：开面叶，指嫩梢生长成熟，出现驻芽的鲜叶；小开面，鲜叶规格，其中第一叶为第二叶面积的一半；中开面，其中第一叶为第二叶面积的三分之二；大开面，其中第一叶长到与第二叶面积相当。

一芽四叶，粗茶的采摘。

采摘时间

"凡采茶，在二月三月四月之间。"《茶经》中这句话说明了采茶的季节性。春茶的采摘期一般是清明到立夏；夏茶的采摘期是小满到夏至；大暑到寒露之间采得的是秋茶。目前，绿茶以清明、谷雨前采摘的质量较佳。

制茶工艺的发展

每一片茶叶看似普通，实际却来得百转千回。每一道工艺，都来自反复实践；每一种味道，都经过时间的沉淀，带着千年历史流转的波澜壮阔。

两汉之前食用鲜叶

在没有发明用火烤煮食物之前，茶的利用只能是咀嚼鲜叶，这种最原始的利用方法进一步发展的结果，便是生煮和羹饮。生煮类似现代生活的煮菜汤，而羹饮的方式，在《晋书》里有记载"吴人采茶煮之，曰茗粥"。

三国时制饼晒干

三国时，魏国已出现了茶叶的简单加工，三国魏明帝时期的张揖在《广雅》中说明了当时鲜叶紧压成饼的制茶方式，是将采来的茶叶先做成饼，晒干或烘干后将茶叶收藏，可随时取作药用和饮用。这种制饼晒干的过程可以视为制茶工艺的萌芽。

唐朝的蒸青工艺

到了唐朝，伴随着经济的繁荣，茶叶的生产有了进一步的发展，种植面积扩大，品种增加，品质提高，于是制茶工艺迎来了第一次技术变革，那就是蒸青制饼工艺的出现。中唐以后，采叶做饼茶的制茶工艺得到逐步完善，在陆羽《茶经·三之造》中进行了系统的总结记载。

蒸青制饼，是先将采下的茶鲜叶放在甑釜中蒸一下，随后将蒸后的茶叶用杵臼捣碎，再把捣碎的茶末放在铁制的规承（模）中，拍压制成团饼，将茶饼穿起来烘焙至干，封存。蒸青的好处是，可以降低茶叶中的苦涩味，也就是说，人们可以不用在茶里加入葱姜等物来调和茶的青草味和苦涩味。

宋朝的龙凤团饼

在宋朝，制茶工艺又有了新的突破，由于贡茶制度的形成，团饼茶的制作力求精益求精，饰面花纹出现龙凤之类，龙凤团饼由此逐步产生。龙凤团饼是指将新鲜采摘下来的茶叶经过蒸、捣、拍，用刻有龙凤图案的模具压制而成，使其表面带有龙凤纹饰。这种龙凤团饼专门贡上，深受宫廷喜爱。

宋时，除团饼茶之外，还有散茶叶生产，散茶是蒸青后直接烘干呈松散状。到宋朝后期，散茶得到进一步发展，有取代团饼茶之势。

明朝的革新

饮茶风尚发展到明代，发生了具有划时代意义的技术变革，即炒青散茶工艺出现，并在明太祖朱元璋的倡导下大力发展。与蒸青工艺相比，炒青更能散发出茶的香味，而且炒青制法比蒸青容易掌握，也更省工，因此明代炒青技术大大提高，继而取代蒸青。

尤其明代许多茶人身体力行，种茶、制茶、品茶，研究绿茶制法者越来越多，产生很多新发明，通过炒制绿茶的实践而认识创造出黄茶、黑茶、白茶、红茶、乌龙茶等茶类加工工艺。

到了现代，由于制茶技术不断改革，各类制茶机械相继出现。除了少数名贵茶仍由手工加工外，绝大多数茶叶的加工均采用了机械化生产。

茶 之饮
此乃草中英

　　从在土地生长，被精心养护，到被采摘、制作，最后在沸水中舒展沉浮，茶汤入口，细品其味，茶的一生就记录在小小的茶杯中，等待入口时展现其生命的历程。

陆羽的饮茶原则

> 　　翼而飞，毛而走，去而言，此三者俱生于天地间。饮啄以活，饮之时，义远矣哉。至若救渴，饮之以浆；蠲忧忿，饮之以酒；荡昏寐，饮之以茶。
>
> ——《茶经》原文

　　有翅膀的飞鸟，长有毛皮的兽类，会说话的人类，这三者都生在天地间。凭借喝水、吃东西来维持生命，可见"饮"的意义有多深远、多重要了。人们为了解渴，需要喝水；为了消愁解闷，就要喝酒；为了提神解乏，则要喝茶。

> 　　茶之为饮，发乎神农氏，闻于鲁周公，齐有晏婴，汉有扬雄、司马相如，吴有韦曜，晋有刘琨、张载、远祖纳、谢安、左思之徒，皆饮焉。滂时浸俗，盛于国朝，两都并荆俞间，以为比屋之饮。
>
> ——《茶经》原文

　　把茶作为饮料，始于神农氏，由周公旦作了文字记载而为大家所知。春秋时齐国的晏婴，汉代的扬雄、司马相如，三国时东吴的韦曜，两晋的刘琨、张载，我的远祖陆纳、谢安、左思这些名人都爱喝茶。茶已渗透到整个社会生活中，到了我唐朝，饮茶之风达到极盛。从西都长安到东都洛阳，从江陵到重庆，家家户户都饮茶。

饮有觕茶、散茶、末茶、饼茶者，乃斫，乃熬，乃炀，乃舂，贮于瓶缶之中，以汤沃焉，谓之𤺺茶。或用葱、姜、枣、橘皮、茱萸、薄荷之属。煮之百沸，或扬令滑，或煮去沫，斯沟渠间弃水耳，而习俗不已，于戏！

——《茶经》原文

茶有粗茶、散茶、末茶、饼茶四大品种。有的人喝茶时，又是斫、又是熬、又是烤、又是锤，贮藏在瓶子、瓦罐里，再用开水冲灌，这是非常不正确的饮茶方式。也有人把葱、姜、枣、橘皮、茱萸、薄荷等加到茶里，煮到沸腾，使茶水像膏汁一样滑腻，或者把茶水上的沫饽撇掉，这样的茶，无异于倒在沟渠里的废水，但这样的习俗流传不已，多可惜啊！

天育万物，皆有至妙，人之所工，但猎浅易。所庇者屋，屋精极，所着者衣，衣精极，所饱者饮食，食与酒皆精极之。茶有九难：一曰造，二曰别，三曰器，四曰火，五曰水，六曰炙，七曰末，八曰煮，九曰饮。阴采夜焙，非造也；嚼味嗅香，非别也；膻鼎腥瓯，非器也；膏薪庖炭，非火也；飞湍壅潦，非水也；外熟内生，非炙也；碧粉缥尘，非末也；操艰搅遽，非煮也；夏兴冬废，非饮也。

——《茶经》原文

天生万物，都有它的精妙之处，人们研究它们，常常只涉及潜在的表面现象。人们住的是房屋，房屋建造精美极了；人们所穿的是衣服，衣冠服饰也讲究极了；人们填饱肚子的是饮食，食物和酒也已特别精致。（而饮茶呢？却不擅长。）概言之，茶有九个方面是很难做好的：一是采摘制作，二是鉴别品评，三是器具，四是火候，五是选水，六是烤炙，七是碾末，八是烹煮，九是品饮。阴雨天采摘，夜间加工，这不是采摘制作茶的优良方法。凭口嚼干茶辨别味道，用鼻闻茶的香气，这不是鉴别茶的专家。沾染了膻味的鼎和腥气的碗，不是烹制茶的器具。含脂膏多的柴、厨房用过的木炭，这些都不是烤茶的燃料。飞流湍急的河水或淤滞不流的死水，这些都不是煮茶的水。把茶饼烤得外焦里生，是使用了不正确的烤法。碾出的茶末颜色青白，这不是好茶末。煮茶操作不灵活、搅动太急，这算不上会煮茶。夏天才喝茶，而冬天不喝，这不是真正的饮茶者。

"啜苦咽甘，茶也。"这是茶圣陆羽对茶的最早定义。茶在被注入热水的那一刻，便开始了它新的生命。人们乐衷于欣赏茶叶渐渐吸水之后饱满和舒展的姿态，以及慢慢沉淀的自然和通透。当然最重要的是，热衷于品味茶的味道。宋徽宗《大观茶论》说："夫茶，以味为上，香甘重滑，为味之全。"

茶的品种有多少，茶的味道就有多少。严格来说，茶的味道甚至比茶的品种还要多得多，因为冲泡方法不同，茶叶的味道也就不同。在不同的茶味之间，有时几乎没有任何共同之处，比如碧螺春与铁观音，普洱茶与花茶，就像是红酒与白酒、啤酒一样，其味道毫无相似的地方。

好茶的味道

那么，茶该是什么样的味道？什么样的口味才算正宗？

同样一杯茶，对陆游而言，是"手碾新茶破睡昏"，可提神醒脑，唤起诗情；而对张可久而言，却是"诗床竹雨凉，茶鼎松风细"，茶于他反而成了安神的良品。

对南方人来说，地道的茶味应该是略带清苦的绿茶芳香，而对北方人而言则是带有浓重茉莉花香的酽味，福建人会认为是有岩韵回甘的岩茶，云南人则会把正宗茶味与普洱的厚重画上等号。

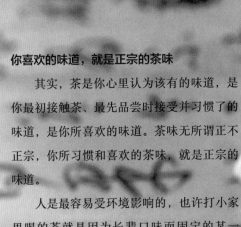

你喜欢的味道，就是正宗的茶味

　　其实，茶是你心里认为该有的味道，是你最初接触茶、最先品尝时接受并习惯了的味道，是你所喜欢的味道。茶味无所谓正不正宗，你所习惯和喜欢的茶味，就是正宗的味道。

　　人是最容易受环境影响的，也许打小家里喝的茶就是因为长辈口味而固定的某一种，长大后就会先入为主，一旦有机会尝到别的茶，也会因为不习惯，而感到不是滋味。要想不辜负口福，最好尝尝各种名茶的味道，喝上几回，或者一段时期，在度过了刚接触的陌生期以后，再做结论：哪种最对你的口味。

　　真正的茶味，也许不是你久已习惯的那种，要想找到真正属于你的茶，那就不要轻易错过品尝新品种的机会，最后，终能找到属于自己的那款茶。

茶之事
茶事知多少

何谓茶事？说白了，就是茶文化的方方面面，茶诗、茶画、茶俗、茶人、茶食等，都是茶事的一部分。它赋予了茶叶上下五千年的历史和文化内涵，少了茶事，茶叶仅仅是解渴的饮料而已。

茶事：品味唐宋风华

> 三皇 炎帝神农氏。
>
> ……
>
> 《后魏录》：琅琊王肃，仕南朝，好茗饮、莼羹。及还北地，又好羊肉、酪浆。人或问之："茗何如酪？"肃曰："茗不堪与酪为奴。"
>
> ——《茶经》原文

茶事历历

《茶经》中关于茶事的部分虽然很短，但是陆羽却写了上至传说中茶叶的起源，下至五代十国关于茶事的种种记录，有神话、有医药、有习俗，几乎涵盖了茶事的方方面面。

而在唐代，就已经有了关于茶圣陆羽的茶闻轶事。唐代李肇《国史补》卷中记载，"巩县陶者多为瓷偶人"，当时卖茶人都供有陆羽像，如果生意好，就拿茶水浇陆羽像；如果生意不好，就拿白开水浇。此外，陆羽像还被当做一种促销手段，"买数十茶器得一鸿渐"，相当于今天的"买十送一"。

饮一杯长安风的下午茶

其实早在春秋时期，我们古人就有下午茶习惯。到了陆羽生活的时代，唐朝人更是用精美的茶具搭配水果和糕点来喝茶，堪比现在国际上流行的"英式下午茶"。

讲究的唐人喝茶时是有许多"茶点"的。据史料记载，唐朝最受女性青睐的甜点是奶酪浇鲜樱桃；唐朝人开派对，最风靡的是大型冻酥花糕；唐朝上流社会的宴席，最令人啧啧称奇的是名叫"玉露团"的奶油冰激凌甜点和半透明的"透花糍"。

唐人在喝茶时，还有不少可以选择的糕点，比如"胡食"（汉人对西域传入的食品的称呼），胡食品种很多，有馉饳、毕罗、胡饼等。馉饳是用油煎的面饼；毕罗一般被认为是一种以面粉作皮，包有馅心，经蒸或烤制而成的食品。除了各种胡饼，还包括当时同样来自西域的水果如葡萄、西瓜等。

可以看出，作为宫廷饮品的茶与种类繁多的水果点心一起搭配的"下午茶"时尚应该是比英国人早很多的。

充满生活美学的宋人茶事

都说宋朝的茶事，是中国茶文化史上最璀璨的一页。茶叶那份来自尘世泥土间的真实，被反复击打成茶汤上的一道白沫，演化成为一道美的表现形式。

◎ 点茶

点茶，是宋人雅致生活的集中写照。它来源于唐朝的煎茶法，但步骤却比煎茶更为精细、严密。先是将茶饼碾磨成粉末状，然后再用筛罗分筛出最细腻的茶粉投入茶盏中，即用沸水冲点，随即用茶筅快速击打，使茶与水充分交融，并使茶盏中出现大量白色茶沫为止。点泡后，如果茶汤的颜色呈乳白色，茶汤表面泛起的"汤花"能够较长时间凝住杯盏内壁不动，这样才算点泡出一杯好茶。北宋苏轼《送南屏谦师》诗曰："道人晓出南屏山，来试点茶三昧手"，其中的"三昧手"说的就是高明的点茶能手。

◎ 斗茶

斗茶是宋人独有的雅玩。区别于唐朝的严谨，元朝的压抑，宋朝包容、豪放的时代特性，让斗茶也别有一份雅致的风采。决定

斗茶胜负的因素有二：一是看汤色，当时的标准是以纯白如乳为上，其他色泽则等而下之。汤色越是鲜白，表明茶叶的质量上乘。二看汤花，汤花均匀、色泽鲜白为上品。汤花长时间紧贴盏壁而不退散，是为上好，称为"咬盏"，而汤花散逸较快，则称"云脚涣乱"。最后斗茶者还要品评茶汤，茶汤要做到味、香、色三者俱佳，才能算是最后获胜。

◎ 茶百戏

茶百戏，是一种茶上作画的游戏。陆游有诗云："矮纸斜行闲作草，晴窗细乳戏分茶。素衣莫起风尘叹，犹及清明可到家。"诗中的"分茶"，指的就是茶百戏。

与咖啡拉花利用咖啡和牛奶两种不同材料相叠加的办法来呈现图案不同，茶百戏依靠的原料只有茶和水。茶汤形成稳定的悬浊液，再用工具把白沫分开，它就会幻变出各种图样来，犹如一幅幅的水墨画。宋人把心中最美的山水，临进画里，也画在茶里。他们让最日常的茶，有了生活味道的同时，也赋予了茶高于生活的雅致美。

宋朝斗茶之风极盛。斗茶，或多人共斗，或两人提对"厮杀"，三斗两胜。斗茶品以茶"新"为贵，斗茶用水以"活"为上。

茶人：生活艺术家

茶人不是一种身份，更不是职业。

茶人，原本有两个解释，一是精于茶道之人；二是采茶之人或者制茶之人。还应该宽泛些，因为何为茶道，茶究竟有没有必要上升到道的地步，历来都有不同看法，只要是爱茶、惜茶的人，即使不够精于此道，都可以算作茶人。

茶人是一种生活方式，一种生活艺术。

千古第一茶人

中国好茶者无数，从王公贵族到贩夫走卒，从文人骚客到平民白丁，称得上"千古第一茶人"的，非陆羽莫属。陆羽之后，才有茶字，也才有茶学。茶就是"人在草木间"，在中国人的观念里，天人合一就是自然之道。茶来自草木，因人而获得独特价值。确切地说，茶是因为陆羽才摆脱自然束缚，获得解放，一举成为华夏饮食和精神的缩影。

古人茶事

陆羽著经，卢仝作歌，一部《茶经》，一曲《饮茶歌》，自唐代以来，历经宋、元、明、清各代，传唱千年不衰，至今茶家诗人咏到茶时，仍屡屡吟及。

卢仝一生爱茶成癖，他的"七碗茶诗"之吟，最为脍炙人口："一碗喉吻润，二碗破孤闷。三碗搜枯肠，惟有文字五千卷。四碗发轻汗，平生不平事，尽向毛孔散。五碗肌骨清，六碗通仙灵。七碗吃不得也，唯觉两腋习习清风生。"茶对他来说，不只是一种口腹之饮，似乎还给他创造了一片广阔的精神世界。《饮茶歌》的问世，对于传播饮茶的好处，使饮茶的风气普及到民间，起到了推波助澜的作用。

"扬州八怪"之一的郑板桥，他向往的是"黄泥小灶茶烹陆，白雨幽窗字学颜"（《赠博也上人》）那样一种清淡自然的生活。他在《题画》中说："茅屋一间，新篁数竿，雪白纸窗，微浸绿色。此时独坐其中，一盏雨前茶，一方端砚石，一张宣州纸，几笔折枝花，朋友来至，风声竹响，愈喧愈静。"翰墨、香茗和友情，才是最令他欢乐和陶醉的。

> 不风不雨最清和，翠竹亭亭好节柯。
>
> 最爱晚凉佳客至，一壶新茗泡松萝。

如果说宋人杜小山诗"寒夜客来茶当酒，竹炉汤沸火初红。寻常一样窗前月，才有梅花便不同"是一幅"寒夜品茗赏梅图"，那么郑板桥这幅画便是"清秋品茗赏竹"了。

茶书：茶本无心自在香

中国茶文化历史悠久、精神博大，这和茶书对茶文化的发扬和传承息息相关。

《茶经》

经，在刘勰的《文心雕龙》中解释为"恒久之至道"。代表永恒真理的著作，就叫做"经"。唐代陆羽所著《茶经》按中国古文化特有的传统以"经"命名，足见其至高地位。

《大观茶论》

茶文化兴盛于宋朝，宋徽宗嗜茶，爱茶，认为茶是灵秀之物，饮茶会令人修心养性，享受清静无为。不仅如此，宋徽宗还对茶学有很深入的研究。他所撰写的《大观茶论》，是我国历史上唯一由皇帝撰写的茶书。

《大观茶论》成书于大观元年（1107 年）。全书共二十篇，内容十分丰富、涉及面也颇为广泛，分为地产、天时、采择、蒸压、制造、鉴辨、白茶、罗碾、盏、筅、瓶、杓、水、点、味、香、色、藏焙、品名、外焙 20 个名目。对北宋时期蒸青团茶的产地、采制、烹试、品质、斗茶风俗等均有详细记述。

自问世以来，《大观茶论》的影响力和传播力非常巨大，不仅积极促进了中国茶业的发展，同时极大地推进了中国茶文化的发展，使得宋代成为中国茶文化的重要时期。

《品茶要录》

《品茶要录》成书于宋代熙宁八年（1075 年）前后，为建安人黄儒所著。黄儒认为，有议论茶事者会著文讨论采制的得失、茶器之宜否、斗茶时的汤火，并将茶事书于绢绸之上，流传广远，却没有提到欣赏鉴别的标准。于是黄儒细究摘采制造时的得失，分为"十说"，道出其中缺点，总名之为《品茶要录》。

《茶疏》

《茶疏》写成于 1597 年。作者许次纾，明代钱塘人，他好学多问，嗜茶成癖。《茶疏》分为产茶、今古制法、采摘、炒茶、岕中制法、收藏等章。产茶这一章，完全摒弃前代的文献，而专门陈述当时的事；今古制法这一章，则批评宋代的团茶，反对茶叶混入香料以抬高茶价，以致丧失茶的真味；采摘这一章，详细记述了几种少见记载而又为人们所喜好的茶叶。

可见，《茶疏》不但是明代茶书中最好的一本，而且在历代茶书中占有相当地位，有较高的史料价值。

茶诗：品茶吟唱赏茶诗

茶与文学联姻最早可以追溯到两千多年以前，中国第一部诗集《诗经》中有"堇茶如饴""谁谓茶苦，其甘如荠"的诗句，至今，有关茶的诗词、品文、散文、小说、茶联、茶谚、茶谜等文学作品浩如烟海。

最早的茶诗

中国最早的茶诗，是西晋文学家左思的《娇女诗》。全诗280言56句，陆羽《茶经》选摘了其中12句：

> 吾家有娇女，姣姣颇白皙。
>
> 小字为纨素，口齿自清历。
>
> 其姊字惠芳，眉目粲如画。
>
> 驰骛翔园林，果下皆生摘。
>
> 贪华风雨中，倏忽数百适。
>
> 心为茶荈据，吹嘘对鼎𬬭。

这首诗生动地描绘了一双娇女调皮可爱的神态。她们在园林中游玩，果子尚未熟就被她们摘下来。虽有风雨，也流连花下，一会儿工夫就跑了几百圈。口渴难熬，她们只好跑回来，模仿大人，急忙对嘴吹炉火，盼望早点煮好茶水解渴。诗人词句简洁、清新，不落俗套，为茶诗开了一个好头。

最早的咏名茶诗，是李白的《答族侄们中孚赠玉泉仙人掌茶》：

> 尝闻玉泉山，山洞多乳窟。
>
> 仙鼠如白鸦，倒悬清溪月。
>
> 茗生此中石，玉泉流不歇。
>
> 根柯洒芳津，采服润肌骨。
>
> 丛老卷绿叶，枝枝相接连。
>
> 曝成仙人掌，似拍洪崖肩。
>
> 举世未见之，其名定谁传。
>
> 示英乃禅伯，投赠有佳篇。
>
> 清镜烛无盐，顾惭西子妍。
>
> 朝坐有余兴，长吟播诸天。

以茶而言，此诗详细地介绍了仙人掌茶的产地、环境、外形、品质和功效。他写仙人掌茶的外形、品质和功效等，绝无茶叶生产专用术语，而是诗人形象化的描述，并以浪漫主义的手法、夸张的笔触，描绘了此茶的环境等。

茶诗之最

在众多诗人当中，据统计宋代诗人陆游咏茶诗写得最多，有三百余首。而写得最长的，要数大诗人苏东坡的《寄周安孺茶》，五言，120句，600字。这首诗开头说在浩瀚的宇宙中，茶是草木中出类拔萃者；结尾说人的一生有茶这样值得终生相伴的清品，何必再像刘伶那样经常弄得醺醺大醉呢？此诗赞茶云：

灵品独标奇，迥超凡草木。

香浓夺兰露，色软欺秋菊。

清风击两腋，去欲凌鸿鹄。

乳瓯十分满，人世真局促。

意爽飘欲仙，头轻快如沐。

最奇特的茶诗

在众多咏茶诗中，形式奇特者要数唐代诗人元稹的《一言至七言诗》，又称"宝塔诗"：

茶。

香叶。嫩芽。

慕诗客，爱僧家。

碾雕白玉，罗织红纱。

铫煎黄蕊色，碗转典尘花。

夜后邀陪明月，晨前命对朝霞。

洗尽古今人不倦，将至醉后岂堪夸。

此诗奇巧，虽然在格局上受到"宝塔"的限制，但是诗人仍然写出了茶与诗客、僧家的关系，以及被他们爱慕的明月夜、早晨饮茶的情趣等。

茶画：妙解琴棋书画茶

茶与画天生有缘。以茶入画，以画释茶，茶画将水墨与茶情茶意完美结合，再现了历朝的茶饮风尚，更以此记录了我国茶文化的历史变迁。观茶画，仿佛能听到那茶水涓涓作响，嗅到那沸腾的氤氲茶雾在空气中飘香。

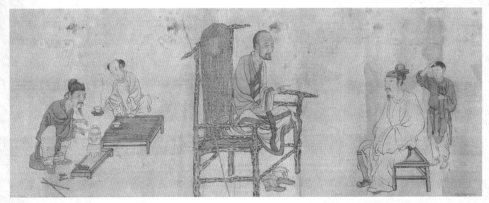

唐·阎立本《萧翼赚兰亭图》（局部）

史上第一幅茶画——《萧翼赚兰亭图》

据资料记载，茶画的崛起在唐朝。在现存的史册中，能够查到的与茶有关的最早绘画，是唐朝"丹青宰相"阎立本的《萧翼赚兰亭图》，在这幅画中，清晰生动地描绘了客来煮茶饮茶的画面，展示了初唐时期寺院煮茶待客之风尚，也是对陆羽在茶经中说的"滂时浸俗，盛于国朝，两都并荆俞间，以为比屋之饮"的文本化总结。

烹茶煮水，品茶论道——《斗茶图》

宋代著名书画家赵孟頫所作《斗茶图》中共画了四个人物，旁边放有几副盛放茶具的茶担，左前一人手持茶杯，一手提一茶桶，袒胸露臂，显出满脸得意的样子。身后一人手持一杯，一手提壶，作将壶中茶水倾入杯中之态，另两人站一旁，注视前者。由衣着和形态来看，斗茶者似把自己研制的茶叶拿来评比，斗志激昂，姿态认真。斗茶始见于唐，盛行于宋，元朝贡茶虽然沿袭宋制进奉团茶、饼茶，但民间一般多改饮叶茶、末茶，所以赵孟頫的《斗茶图》，也可以说是我国斗茶行将消失前的最后留画。

宋·赵孟頫《斗茶图》（局部）

唐代贵族听琴品茗——《调琴啜茗图》

画中描绘五个女性，其中三个系贵族妇女。一女坐在盤石上，正在调琴，左立一侍女，手托木盘，另一女坐在圆凳上，背向外，聆听着琴音，作欲饮之态。又一女坐在椅子上，袖手听琴，另一侍女捧茶碗立于右边。画中贵族仕女曲眉丰肌、秾丽多态，反映了唐代尚丰肥的审美观。从画中仕女听琴品茗的姿态也可看出唐代贵族悠闲生活的一个侧面。

唐·周昉《调琴啜茗图》（局部）

沿河茶肆、一字排开——《清明上河图》

在这幅展示汴河两岸城乡生活风貌和市肆百业盛况的图景中，可以看到沿河的茶肆一字排开，呈现一派欣欣向荣的繁盛景象。仔细观摩，你能看到屋檐下、店门前都设有许多茶桌，里面正有饮茶者在其中把盏闲谈、各得其乐；更有一些流动的茶摊、茶寮散布其间分茶贩茶，令往来游人流连其间、乐而忘返。

北宋·张择端《清明上河图》（局部）

皇帝参与创作的茶画——《文会图》

宋徽宗赵佶轻政重文，一生爱茶，嗜茶成癖，常在宫廷以茶宴请群臣、文人，有时兴至还亲自动手烹茗、斗茶取乐。亲自著有茶书《大观茶论》，致使宋人上下品茶盛行。

此幅茶画是宋徽宗与宫廷画家共同创作的，描绘了文人会集宴饮吃茶、饮酒的盛大场面。在一个豪华庭院中，设一巨榻，榻上有各种丰盛的菜肴、果品、杯盏等，九文士围坐其旁，神志各异，潇洒自如，或评论，或举杯，或凝坐，侍者们有的端捧杯盘，往来其间，有的在炭火桌边忙于温酒、备茶，其场面气氛之热烈，其人物神态之逼真，不愧为中国历史上一个"郁郁乎文哉"的时代的真实写照。

北宋·赵佶《文会图》（局部）

茶歌：东山西山采茶忙

想象一下，在青山绿水间，面对着郁郁葱葱的茶树，身在其中，怎么能让人不想一展歌喉？

来源

茶歌的来源，一是由诗为歌，即由文人的作品而变成民间歌词的。还有是由谣而歌，民谣经文人的整理配曲再返回民间。茶歌的另一个主要来源，是完全由茶农和茶工自己创作的民歌或山歌。

从现存的茶史资料来说，茶叶成为歌咏的内容，最早见于西晋孙楚的《出歌》，其称"姜桂茶荈出巴蜀"，这里所说的"茶荈"，指的就是茶。

采茶调

在西南山区，一开始未形成统一的曲调，后来，孕育出了专门的"采茶调"，使采茶调和山歌、盘歌、五更调、川江号子并列，发展成为我国传统民歌的一种形式。当然，采茶调变成民歌的一种格调后，其歌唱的内容就不一定限于茶事的范围了。

在我国西南的一些少数民族中，也演化产生了不少诸如"打茶调""敬茶调""献茶调"等曲调。如居住在滇西北的藏胞，生活中随处都会高唱民歌：挤奶时，唱"格奶调"；结婚时，唱"结婚调"；宴会时，唱"敬酒调"；青年男女相会时，唱"打茶调""爱情调"。又如居住在金沙江岩的彝族，旧时结婚第三天，祭过门神，开始正式宴请宾客时，吹唢呐的人按照待客顺序，依次吹"迎宾调""敬酒调""敬烟调""上菜调"等。

跟着茶经学泡茶

茶歌拾贝

《采茶歌》

采茶清洁笑颜开，香透玉兰郎莫猜。

红粉佳人早有意，风流才子抱琴来。

《传茶词》

执茶者执茶，司杯者捧杯。

当茶一献，礼性三让，

夫妻相和好，琴瑟与笙簧。

《龙井谣》

龙井龙井，多少有名。

问问种茶人，多数是客民。

儿子在嘉兴，祖宗在绍兴。

茅屋蹲蹲，番薯啃啃。

你看有名勿有名？

婚仪茶歌《茶茗词》

酒食沁芳，芬茗清香。

克裡克祀，是蒸是烹。

甘露之美，璧玉之精。

既清且洁，神其来韵。

《武夷山茶歌》

清明过了谷雨边，背起包袱走福建。

想起福建无走头，三更半夜爬上楼。

三捆稻草搭张铺，两根杉木做枕头。

想起崇安真可怜，半碗腌菜半碗盐。

茶叶下山出江西，吃碗青茶赛过鸡。

采茶可怜真可怜，三夜没有两夜眠。

茶树底下冷饭吃，灯火旁边算工钱。

武夷山上九条龙，十个包头九个穷。

年轻穷了靠双手，老来穷了背竹筒。

《台湾茶歌》

一

好酒爱饮竹叶青，采茶爱采嫩茶心；

好酒一杯饮醉人，好茶一杯更多情。

二

得蒙大姐暗有情，茶杯照影景照人；

连茶并杯吞落肚，十分难舍一条情。

三

采茶山歌本正经，皆因山歌唱开心；

山歌不是哥自唱，盘古开天唱到今。

四

茶花白白茶叶青，双手攀枝弄歌声；

忘了日日采茶苦，眼中一样好情景。

茶联：忙里偷闲一杯茶

古往今来，在茶亭、茶室、茶楼、茶馆和茶社常可见到以茶事为内容的茶联。茶联，堪称中国楹联宝库中的一枝奇葩，它不但有古朴典雅之美，而且有妙不可言之趣。

招揽生意

茶联常悬于茶社茶馆，作招徕顾客广告之用。相传，成都有家茶馆兼酒铺子，老板没有文化，铺子简陋，生意自然萧条。后让贤给儿子经营。青年人脑子灵光，请了位秀才写了副对联一贴，生意居然从此兴隆起来。联文是：

> 为名忙，为利忙，忙里偷闲且喝一杯茶去；
> 劳心苦，劳力苦，苦中作乐再倒一碗酒来。

这副对联生动贴切、雅俗共赏，引得人们交口相传，慕名前去观看，领略其中的甘苦，"偷闲""作乐"一番，于是乎，这家铺子起死回生，春风再度，生意兴隆。

清末民初，广州有个大同茶楼，为了招徕顾客，曾出巨资征联，要求上下联必须嵌入"大""同"二字，并具有品茗之意。当时应征者纷纷送上征联，经店主评选，有一幅佳作入选：

> 好事不容易做，大包不容易卖，针鼻铁，薄利只凭微中削；
> 携子饮茶者多，同父饮茶者少，檐前水，点滴何曾倒转流。

联中巧妙地嵌入"大""同"二字，并写有品茗之意，兼谈经商的诀窍，故深得店主人的赞赏。于是将这副联语用良木雕刻，悬挂于店门。据说此联挂出后，大同茶楼门庭若市，生意兴隆。

妙不可言的经典茶联

我国许多旅游胜地，也常常以茶联吸引游客。如五岳衡山望岳门外有一茶联：

> 红透夕阳，如趁余晖停马足；
> 茶烹活水，须从前路汲龙泉。

江苏南京市雨花台茶社的茶联别有情趣：

> 独携天上小团月；
>
> 来试人间第二泉。

联中的"小团月"为茶名，名茶名泉，相得益彰。

重庆嘉陵江茶楼一联，更是立意新颖，构思精巧：

> 楼外是五百里嘉陵，非道子一笔画不出；
>
> 胸中有几千年历史，凭卢仝七碗茶引来。

成都望江楼有一联，为清代何绍基书写，取材于楼，镶嵌得体，真把一个望江楼写活了。联云：

> 花笺茗碗香千载，云影波光活一楼。

广州著名的茶楼陶陶居有这样一副茶联：

> 陶潜善饮，易牙善烹，饮烹有度；
>
> 陶侃惜分，夏禹惜寸，分寸无遗。

联中用了四个典故，巧妙地把茶楼的沏茶技艺、经营特色和高尚道德恰如其分地表露出来。该联旨在劝诫世人饮食应有度，要珍惜时光，不要蹉跎岁月。

上海天然居茶楼一联，更是匠心独具，顺念倒念都可以：

> 客上天然居，居然天上客；
>
> 人来交易所，所易交来人。

最有趣的恐怕要数这样一副回文茶联：

> 趣言能适意，茶品可清心。

倒读则为：心清可品茶，意适能言趣。

茶俗：百里不同俗

清茶

古人云："千里不同风，百里不同俗。"不同地方的人，自然饮茶的习惯与爱好也会有所不同。而这些不同地方的饮者，更是发明了形形色色的茶俗。

汉族的清饮

汉族饮茶，虽然方式有别，目的不同，但大多推崇清饮，无须在茶汤中加入姜、椒、盐、糖之类佐料，属纯茶原汁本味饮法，认为清饮能保持茶的"纯粹"和"本色"。

蒙古族的咸奶茶

咸奶茶

喝咸奶茶是蒙古族的传统饮茶习俗。在牧区，他们习惯于"一日三餐茶"，却往往是"一日一顿饭"。每日清晨，主妇第一件事就是先煮一锅咸奶茶，供全家整天享用。蒙古族喜欢喝热茶，早上他们一边喝茶，一边吃炒米。将剩余的茶放在微火上暖着，供随时取饮。

藏族酥油茶

酥油茶

酥油茶是一种在茶汤中加入酥油等佐料，经特殊方法加工而成的茶汤。酥油茶滋味多样，喝起来咸里透香、甘中有甜，它既可暖身御寒，又能补充营养。在西藏草原或高原地带，人烟稀少，家中少有客人进门。偶尔有客来访，可招待的东西很少，加上酥油茶的独特作用，因此，敬酥油茶便成了西藏人款待宾客的尊贵礼仪。

维吾尔族的香茶

香茶

居住在新疆天山以南的维吾尔族，主食最常见的是用小麦面烤制的馕，色黄、又香又脆，形若圆饼。进食时，总喜与香茶伴食，平日也爱喝香茶。南疆维吾尔族老乡喝香茶，习惯于一日三次，与早、中、晚三餐同时进行，通常是一边吃馕，一边喝茶，这种饮茶方式，与其说把它看成是一种解渴的饮料，还不如把它说成是一种佐食的汤料，实是一种以茶代汤，用茶作菜之举。

跟着茶经学泡茶

傣族的竹筒香茶

竹筒香茶是傣族别具风味的一种茶饮料，其制作和烤煮方法甚为奇特，一般可分为五道程序：

竹筒香茶

装茶	将采摘细嫩、再经初加工而成的毛茶，放在嫩香竹筒中，分层陆续装实。
烤茶	将装有茶叶的竹筒放在火边烘烤。为使筒内茶叶受热均匀，通常每隔四五分钟应翻滚竹筒一次。待竹筒色泽由绿转黄时，筒内茶叶也已达到烘烤适宜，即可停止烘烤。
取茶	待茶叶烘烤完毕，用刀劈开竹筒，就成为清香扑鼻、形似长筒的竹筒香茶。
泡茶	分取适量竹筒香茶，置于碗中，用刚沸腾的开水冲泡，经 3~5 分钟，即可饮用。
喝茶	竹筒香茶既有茶的醇厚高香，又有竹的浓郁清香，喝起来有耳目一新之感。

回族的刮碗子茶

回族饮茶方式多样，其中有代表性的是喝刮碗子茶。刮碗子茶用的茶具，俗称"三件套"。它由茶碗、碗盖和碗托组成。茶碗盛茶，碗盖保香，碗托防烫。喝茶时，一手提托，一手握盖，并用盖顺碗口由里向外刮几下，这样一则可拨去浮在茶汤表面的泡沫，二则使茶味与添加食物相融，刮碗子茶的名称也由此而生。

刮碗子茶

刮碗子茶用的多为普通炒青绿茶，冲泡茶时，除茶碗中放茶外，还放有冰糖与多种干果，诸如苹果干、葡萄干、柿饼、桃干、红枣、桂圆干、枸杞子等，有的还要加上白菊花、芝麻之类，通常多达八种，故也有人美其名曰：八宝茶。

土家族的擂茶

土家族有喝擂茶的习惯。一般人们中午干活回家，在用餐前总以喝几碗擂茶为快。有的老年人倘若一天不喝擂茶，就会感到全身乏力，精神不爽，视喝擂茶如同吃饭一样重要。倘有亲朋进门，在喝擂茶的同时，还必须设有几碟茶点。茶点以清淡、香脆食品为主，诸如花生、薯片、瓜子、米花糖、炸鱼片之类，以平添喝擂茶的情趣。

擂茶

凉拌茶

三道茶

烤茶

基诺族的凉拌茶和煮茶

基诺族的饮茶方法较为罕见，常见的有两种，即凉拌茶和煮茶。凉拌茶是一种较为原始的食茶方法，它的历史可以追溯到数千年以前。先从茶树上采下鲜嫩新梢，用洁净的双手捧起，稍用力搓揉，将嫩梢揉碎，放入清洁的碗内；再将黄果叶揉碎，辣椒切碎，连同适量食盐投入碗中；最后，加上少许泉水，用筷子搅匀，静置 15 分钟左右，即可食用。

基诺族的另一种饮茶方式是煮茶，这种方法在基诺族中较为常见。其方法是先用茶壶将水煮沸，取出适量已经加工过的茶叶，投入到正在沸腾的茶壶内，经 3 分钟左右，当茶叶的汁水已经溶解于水时，即可将壶中的茶汤注入竹筒中，供人饮用。

白族的三道茶

客人刚来的时候，主人家的女儿或儿媳妇就会捧出第一道加糖的"糖茶"，表达主人对客人的盛情欢迎。第二道茶是谈往事、叙家常的时候。这时，宾主之间随便交谈，无拘无束，尽兴长谈。谈兴已尽，客人准备告辞前，主人家又捧出第三道茶，茶里放了米花，所以叫"米花茶"。这道茶是送别客人，祝客人吉祥如意。喝了这道茶，客人便该起身告辞了。

拉祜族的烤茶

烤茶是拉祜族古老、传统的饮茶方法，至今仍在普遍饮用。烤茶通常分为四个操作程序进行。

装茶抖烤	先将小陶罐在火塘上用文火烤热，然后放上适量茶叶抖烤，使其受热均匀，待茶叶叶色转黄并发出焦糖香时为止。
沏茶去沫	用沸水冲满盛茶的小陶罐，随即泼去上部浮沫，再注满沸水，煮沸 3 分钟后待饮。
倾茶敬客	将在罐内烤好的茶水倾入茶碗，奉茶敬客。
喝茶啜味	拉祜族兄弟认为，烤茶香气足，味道浓，能振精神，才是上等好茶。因此，拉祜族喝烤茶，总喜欢热茶啜饮。

跟着茶经学泡茶

青竹茶

"龙虎斗"

布朗族的青竹茶

有着"千年茶农"之称的布朗族，是最早开始种茶、制茶的民族之一。现在，布朗族主要聚居的布朗山、景迈山等地，他们仍然经营管理着万亩古茶园，而这些古茶园已有千余年的历史。布朗人建造了古茶园，而古茶园又给了布朗族生活的来源。布朗族人以茶为生，与茶相伴，保留本民族独特的风俗、礼仪、宗教祭祀等民族风情。

青竹茶是布朗族的一种方便而又实用的饮茶方法，一般在离开村寨务农或进山狩猎时采用。布朗族喝的青竹茶，制作方法较为奇特，首先砍一节碗口粗的鲜竹筒，一端削尖，插入地下，再向筒内加入泉水，当作煮茶器具。然后，找些干枝落叶，当作烧料点燃于竹筒四周。当筒内水煮沸时，随即加上适量茶叶，待3分钟后，将煮好的茶汤倾入事先已削好的新竹罐内，便可饮用。竹筒茶将泉水的甘甜、青竹的清香、茶叶的浓醇融为一体，所以，喝起来别有风味。

纳西族的"龙虎斗"和盐茶

纳西族平日爱喝一种具有独特风味的"龙虎斗"。制作方法也很奇特，首先用水壶将茶烧开。另选一只小陶罐，放上适量茶，连罐带茶烘烤。为免使茶叶烤焦，还要不断转动陶罐，使茶叶受热均匀。待茶叶发出焦香时，向罐内冲入开水，烧煮3~5分钟。同时，准备茶盅，再放上半盅白酒，然后将煮好的茶水冲进盛有白酒的茶盅内。这时，茶盅内会发出"啪啪"的响声，纳西族人将此看作是吉祥的征兆。声音越响，在场者就越高兴。他们认为"龙虎斗"还是治感冒的良药，因此，提倡趁热喝下，香高味醇，提神解渴，甚是过瘾。

此外，纳西族还喜欢喝盐茶。其冲泡方法与"龙虎斗"相似，不同的是在预先准备好的茶盅内，放的不是白酒而是食盐。此外，也有不放食盐而改换食油或糖的，分别取名为油茶或糖茶。

茶之出
何山品香茗

茶文化的传播与茶叶产区的发展密切相关。唐代至今，茶文化的广泛传播使得茶叶茶区不断扩大，并相应地产生了许多名茶。

唐代茶区分布

山南，以峡州上，襄州、荆州次，衡州下，金州、梁州又下。

淮南，以光州上，义阳郡、舒州次，寿州下，蕲州、黄州又下。

浙西，以湖州上，常州次，宣州、杭州、睦州、歙州下，润州、苏州又下。

剑南，以彭州上，绵州、蜀州次，邛州次，雅州、泸州下，眉州、汉州又下。

浙东，以越州上，明州、婺州次，台州下。

黔中，生思州、播州、费州、夷州。

江南，生鄂州、袁州、吉州。

岭南，生福州、建州、韶州、象州。

其思、播、费、夷、鄂、袁、吉、福、建、韶、象十一州，未详，往往得之，其味极佳。

——《茶经》原文

陆羽在《茶经》中把唐代的茶叶产地分为"八道"，他所述的"八道"遍及现在的 13 个省及自治区。可见唐代的茶叶产区规模已经相当大。但陆羽没将茶树原产地之一的云南列入其中，是为疏漏。

何为八道

道是唐代开元二十一年以后，地方级别的行政区域划归，相当于现在的省一级地区。

《茶经》中提到的"八道"分别是：山南道、淮南道、浙西道、剑南道、浙东道、黔中道、江南道和岭南道。八道遍及现在的湖北、湖南、陕西、江苏、江西、广东等13个省及自治区，除了云南以外，几乎涵盖了现今我国的各主要茶区，可见唐代的茶叶茶区已经相当大。陆羽几乎把当时全国各地的茶都品尝过一遍，还将相邻的茶区做了比较。茶圣之名，陆羽当之无愧。

八道所包括地区

山南道	相当于今四川嘉陵江流域以东，陕西秦岭、甘肃蟠冢山以南，河南伏牛山西南，湖北郧水以西，自四川、重庆市至湖南岳阳间的长江以北地区
淮南道	相当于今淮河以南、长江以北、东至海、西至湖北应山、汉阳一带，并包括河南的东南部地区
浙西道	相当于今江苏长江以南、茅山以东及浙山新安江以北地区
浙东道	相当于今浙江衢江流域、浦阳江流域以东地区
剑南道	相当于四川涪江流域以西，大渡河流域和雅砻江下游以东，云南澜沧江、哀牢山以东，曲江、南盘江以北，及贵州水城，普安以西和甘肃文县一带
黔中道	相当于今贵州省大部以及湘西、鄂西、川东、渝南、桂北的部分地区
江南道	相当于今浙江、福建、江西、湖南等省及江苏、安徽等长江以南，湖北、四川江南的一部分和贵州东北部地区
岭南道	相当于今广东、广西大部

现代四大茶区

唐代至今，产区不断扩大，如今我国现有茶园面积110万公顷，茶区分布辽阔，共有21个省（区、市）967个县、市生产茶叶。国家一级茶区有四个，分别是：西南茶区、华南茶区、江南茶区、江北茶区。

江南茶区

在长江以南，大樟溪、雁石溪、梅江、连江以北，包括粤北、桂北、闽中北、湘、浙、赣、鄂南、皖南、苏南等地。江南茶区大多处于低丘低山地区，也有海拔在1000米的高山，如浙江的天目山、福建的武夷山、江西的庐山、安徽的黄山等。江南茶区基本上为红壤，部分为黄壤。该茶区种植的茶树大多为灌木型中叶种和小叶种，以及少部分小乔木型中叶种和大叶种。该茶区是发展绿茶、乌龙茶、花茶、名特茶的适宜区域。

江北茶区

南起长江，北至秦岭、淮河，西起大巴山，东至山东半岛，包括甘南、陕西、鄂北、豫南、皖北、苏北、鲁东南等地，是我国最北的茶区。江北茶区地形较复杂，茶区多为黄棕土，这类土壤常出现粘盘层；部分茶区为棕壤；不少茶区酸碱度略偏高。茶树大多为灌木型中叶种和小叶种。

华南茶区

位于大樟溪、雁石溪、梅江、连江、浔江、红水河、南盘江、无量山、保山、盈江以南，包括闽中南、台、粤中南、海南、桂南、滇南。华南茶区水热资源丰富，在有森林覆盖下的茶园，土壤肥沃，有机物质含量高。全区大多为赤红壤，部分为黄壤。茶区汇集了中国的许多大叶种（乔木型和小乔木型）茶树，适宜制红茶、普洱茶、六堡茶、大叶青、乌龙茶等。

西南茶区

在米仓山、大巴山以南，红水河、南盘江、盈江以北，神农架、巫山、方斗山、武陵山以西，大渡河以东的地区，包括黔、渝、川、滇中北和藏东南。西南茶区地形复杂，大部分地区为盆地、高原，土壤类型亦多。在滇中北多为赤红壤、山地红壤和棕壤；在川、黔及藏东南则以黄壤为主。西南茶区栽培茶树的种类也多，有灌木型和小乔木型茶树，部分地区还有乔木型茶树。该区适制红翠茶、绿茶、普洱茶、边销茶和名茶、花茶等。

跟着茶经学泡茶

一壶茗香遍天下

中华茶文化在不断丰富发展的过程中，也不断地向其他国家传播，影响着这些国家的茶文化。到现在，中国茶和中国茶文化已经延伸到世界的每一个角落。

茶叶的陆路传播

中国茶叶最初兴于巴蜀，其后向东部和南部逐次传播开来，以至遍及全国。随着国内饮茶风尚由南向北的普及，中国茶文化也开始了向周边国家和地区传播的历程。这一时期，茶是中外贸易中最受欢迎的中国货，沿着人们惯常所说的"丝绸之路"，通过陆路向西传到中亚、西亚，由此饮茶文化在阿拉伯、中亚以及西亚一带传播开来。

茶叶传播到欧洲，除了海上商路，也经由另一条陆上商路传播：以河北、山西为中心，北出长城，经过蒙古，横穿俄罗斯的西伯利亚，到达欧洲境内。蒙古处于这条商路中心，饮茶之风较早风行。到了18世纪初期，中国茶叶就直接经由蒙古销往俄国了。

茶叶的海路传播

明代郑和下西洋，经越南、印度、斯里兰卡、阿拉伯半岛，最终到达非洲东海岸，每次航行都伴有茶叶出口。这条经过南亚诸国、将中国茶叶传入亚洲、欧洲、非洲的路径，有人称之为"海上茶叶之路"。

1606年，荷兰人从中国澳门贩茶到印度尼西亚。第二年，直接从中国运茶回国。此后，英法等国已开始饮茶。1650年，荷兰人从中国贩运茶叶至北美。从17世纪初开始，茶叶先后传到荷兰、英国、法国，以后又相继传到德国、瑞典、丹麦、西班牙等国。18世纪，饮茶之风已经风靡整个欧洲。欧洲殖民者又将饮茶习俗传入美洲的美国、加拿大以及大洋洲的澳大利亚等英、法殖民地。到19世纪，中国茶叶的传播几乎遍及全球。

茶博士小课堂

茶字在不同国家的读音

日本	cha
伊朗	cha
南印度	tey
阿拉伯	chay
马来西亚	the
土耳其	chay
俄国	chai
希腊	te-ai
葡萄牙	cha
斯里兰卡	they
荷兰	thee
英国	tea
德国	tee
法国	the
意大利	te
西班牙	te

下篇 一品茶经，悟茶道

打造属于自己的家庭茶室

"**开**门七件事，柴米油盐酱醋茶"，从这句俗语中，可以看出茶在生活中的分量。在家中安置一间静谧的茶室空间，也成为爱茶之人的一份执念。席坐煮茗，品味茶香，或听雨或赏雪，或沐浴午后阳光，偷得浮生半日闲。无论生活多么繁忙，我们都渴望在尘世的喧嚣中，找到一份不可多得的静谧，在疲惫中令自己的心灵小憩片刻，让自己属于自己。

茶席的布置

比起茶室的说法，其实中国茶室更应该叫做席。对于茶席，陆羽讲究随性自然，主张人与自然的和谐统一，因此古代人大多喜欢将茶席设在松柳泉石之畔，一席、一炉、一茶壶，孤身或三五人小聚都可以。

简洁朴素，删繁就简

饮茶时重茶席轻居室，甚至完全放弃居室，是陆羽的审美追求。茶席的简洁朴素，是理性的删繁就简，是心态宁静的表现，是繁杂之后的疏朗。不过，泡茶必备的茶器还是需要准备齐全，这些茶器包括：煮水器、茶壶、壶承、公道杯、茶杯、杯托、茶荷、水盂、茶叶罐，还有茶巾。

除了准备泡茶用到的茶器外，还需要准备的是桌布、茶旗和花瓶。不要小看这三件物品，它们是整个茶席的颜值担当，选对了会让茶席看起来非常高大上，起到画龙点睛的作用。

茶席摆放的顺序也是有讲究的，通常是以客人的角度来布置。先将桌布铺在茶桌上，然后再把茶旗铺在桌布上，茶旗的摆放要离泡茶者近一些，但要留出一些空隙，这个空隙是要用来摆放茶巾的。花瓶则可以随意摆放，只要看起来和谐有美感就可以了。

茶器一般是放在茶旗上的，客人右边摆放的是水盂，公道杯、壶承摆在中间，茶壶放在壶承上。客人左边是摆放茶叶罐和水壶的，靠近客人的一面可依次横向排列茶杯和茶托，而茶荷也可以放在离客人近的那一边，方便客人赏茶。

动静结合，疏密有致

茶席不是刻意地摆，而是用心地"布"。茶席的布局，讲究动静结合，疏密有致。茶席的布置，可依据不同季节，选择合适的茶，与客人分享或是独饮；可以根据个人想象力以及审美，设计出极具个人特色的意境，席主人将内心中每件茶具该放置的地方一一呈现出来，这正是对自己内心的梳理，也是个人风格和品位的体现。

饮茶只是平常事

想再随性一些，只需放上两把摇椅，几个茶杯，一个简陋的茶席就出现在眼前。一撮茶，一把壶，把尖细的茶叶泡成花瓣的形状，心情也渐渐舒展开来，繁忙都被抛在脑后，让太阳沿着茶室窗户一直晒到脚踝边，静下心来闻，是冷冬的香味、枯叶的香味、泥土的香味，还有清茶的味道。

附录：陆羽茶经全文

卷上

一之源

茶者，南方之嘉木也。一尺二尺，乃至数十尺。其巴山峡川有两人合抱者，伐而掇之，其树如瓜芦，叶如栀子，花如白蔷薇，实如栟榈，叶如丁香，根如胡桃。其字或从草，或从木，或草木并。其名一曰茶，二曰槚，三曰蔎，四曰茗，五曰荈。其地，上者生烂石，中者生砾壤，下者生黄土。凡艺而不实，植而罕茂，法如种瓜，三岁可采。野者上，园者次；阳崖阴林紫者上，绿者次；笋者上，牙者次；叶卷上，叶舒次。阴山坡谷者不堪采掇，性凝滞，结瘕疾。茶之为用，味至寒，为饮最宜精行俭德之人，若热渴、凝闷、脑疼、目涩、四支烦、百节不舒，聊四五啜，与醍醐、甘露抗衡也。采不时，造不精，杂以卉，莽饮之成疾，茶为累也。亦犹人参，上者生上党，中者生百济、新罗，下者生高丽。有生泽州、易州、幽州、檀州者，为药无效，况非此者！设服荠苨，使六疾不瘳。知人参为累，则茶累尽矣。

二之具

籝：一曰篮，一曰笼，一曰筥。以竹织之，受五升，或一斗、二斗、三斗者，茶人负以采茶也。

灶无用窦（突），釜用唇口者。

甑：或木或瓦，匪腰而泥，篮以箄之，篾以系之。始其蒸也，入乎箄，既其熟也，出乎箄。釜涸注于甑中，又以榖木枝三亚者制之，散所蒸牙笋并叶，畏流其膏。

杵臼：一曰碓，惟恒用者佳。

规：一曰模，一曰棬。以铁制之，或圆或方或花。

承：一曰台，一曰砧。以石为之，不然以槐、桑木半埋地中，遣无所摇动。

襜：一曰衣。以油绢或雨衫单服败者为之，以襜置承上，又以规置襜上，以造茶也。茶成，举而易之。

芘莉：一曰籝子，一曰筹筤。以二小竹长三尺，躯二尺五寸，柄五寸，以篾织方眼，如圃人箩，阔二尺，以列茶也。

棨：一曰锥刀，柄以坚木为之，用穿茶也。

扑：一曰鞭。以竹为之，穿茶以解茶也。

焙：凿地深二尺，阔二尺五寸，长一丈，上作短墙，高二尺，泥之。

贯：削竹为之，长二尺五寸，以贯茶焙之。

棚：一曰栈，以木构于焙上，编木两层，高一尺，以焙茶也。茶之半干升下棚，全干升上棚。

穿：江东、淮南剖竹为之，巴川峡山，纫榖皮为之。江东，以一斤为上穿，半斤为中穿，四两五两为小穿。峡中，以一百二十斤为上穿，八十斤为中穿，五十斤为小穿。字旧作钗钏之钏字，或作贯串，今则不然。如磨、扇、弹、钻、缝五字，文以平声书之，义以去声呼之，其字以穿名之。

育：以木制之，以竹编之，以纸糊之。中有隔，上有覆，下有床，傍有门，掩一扇，中置一器，贮煻煨火，令煴煴然。江南梅雨时，焚之以火。

三之造

凡采茶，在二月三月四月之间。茶之笋者，生烂石沃土，长四五寸，若薇蕨始抽，凌露采焉。茶之牙者，发于丛薄之上，有三枝四枝五枝者，选其中枝颖拔者采焉。其日有雨不采，晴有云不采。晴，采之。蒸之，捣之，拍之，焙之，穿之，封之，茶之干矣。茶有千万状，卤莽而言，如胡人靴者蹙缩然，犎牛臆者廉襜然，浮云出山者轮菌然，轻飙拂水者涵澹然。有如陶家之子，罗膏土以水澄泚之。又如新治地者，遇暴雨流潦之所经，此皆茶之精腴。有如竹箨者，枝干坚实，艰于蒸捣，故其形籭簁然；有如霜荷者，茎叶凋沮，易其状貌，故厥状委萃然，此皆茶之瘠老者也。自采至于封，七经目，自胡靴至于霜荷，八等。或以光黑平正，言嘉者，斯鉴之下也；以皱黄坳垤言佳者，鉴之次也。若皆言嘉及皆言不嘉者，鉴之上也。何者？出膏者光，含膏者皱，宿制者则黑，日成者则黄；蒸压则平正，纵之则坳垤。此茶与草木叶一也。茶之否臧，存于口诀。

卷中

四之器

风炉：风炉，以铜铁铸之，如古鼎形，厚三分，缘阔九分，令六分虚中，致其圬墁。凡三足，古文书二十一字。一足云：坎上巽下离于中，一足云：体均五行去百疾，一足云：圣唐灭胡明年铸。其三足之间设三窗，底一窗，以为通飙漏烬之所，上并古文书六字：一窗之上书"伊公"二字，一窗之上书"羹陆"二字，一窗之上书"氏茶"二字，所谓"伊公羹陆氏茶"也。置墆㙍于其内，设三格：其一格有翟焉，翟者，火禽也，画一卦曰离；其一格有彪焉，彪者，风兽也，画一卦曰巽；其一格有鱼焉，鱼者，水虫也，画一卦曰坎。巽主风，离主火，坎主水。风能兴火，火能熟水，故备其三卦焉。其饰以连葩、垂蔓、曲水、方文之类。其炉或锻铁为之，或运泥为之，其灰承作三足，铁柈台之。

筥：筥以竹织之，高一尺二寸，径阔七寸，或用藤作木楦，如筥形，织之六出，固眼其底，盖若利箧，口铄之。

炭挝：炭挝以铁六棱制之，长一尺，锐上丰中，执细头，系一小锯，以饰挝也。若今之河陇军人木吾也，或作锤，或作斧，随其便也。

火策：火策，一名箸，若常用者圆直一尺三寸，顶平截，无葱台勾锁之属，以铁或熟铜制之。

鍑：鍑以生铁为之，今人有业冶者所谓急铁。其铁以耕刀之趄，炼而铸之，内摸土而外摸沙，土滑于内，易其摩涤；沙涩于外，吸其炎焰。方其耳，以正令也；广其缘，以务远也；长其脐，以守中也。脐长则沸中，沸中则末易扬，末易扬则其味淳也。洪州以瓷为之，莱州以石为之，瓷与石皆雅器也，性非坚实，难可持久。用银为之，至洁，但涉于侈丽。雅则雅矣，洁亦洁矣，若用之恒而卒归于银也。

交床：交床以十字交之，剜中令虚，以支鍑也。

夹：夹，以小青竹为之，长一尺二寸，令一寸有节，节已上剖之，以炙茶也。彼竹之筱津润于火，假其香洁以益茶味，恐非林谷间莫之致。或用精铁熟铜之类，取其久也。

纸囊：纸囊，以剡藤纸白厚者夹缝之，以贮所炙茶，使不泄其香也。

碾：碾，以橘木为之，次以梨、桑、桐、柘为臼。内圆而外方，内圆备于运行也，外方制其倾危也。内容堕而外无余。木堕形如车轮，不辐而轴焉，长九寸，阔一寸七分，堕径三寸八分，中厚一寸，边厚半寸，轴中方而执圆，其拂末以鸟羽制之。

罗合：罗末以合盖贮之，以则置合中，用巨竹剖而屈之，以纱绢衣之，其合以竹节为之，或屈杉以漆之。高三寸，盖一寸，底二寸，口径四寸。

则：则，以海贝、蛎、蛤之属，或以铜铁、竹匕、策之类。则者，量也，准也，度也。凡煮水一升，用末方寸匕。若好薄者减之，嗜浓者增之，故云则也。

水方：水方，以椆、槐、楸、梓等合之，其里并外缝漆之，受一斗。

漉水囊: 漉水囊,若常用者。其格以生铜铸之,以备水湿,无有苔秽腥涩意,以熟铜苔秽、铁腥涩也。林栖谷隐者,或用之竹木,木与竹非持久涉远之具,故用之生铜。其囊织青竹以卷之,裁碧缣以缝之,细翠钿以缀之,又作绿油囊以贮之。圆径五寸,柄一寸五分。

瓢: 瓢,一曰牺杓,剖瓠为之,或刊木为之。晋舍人杜毓《荈赋》云:"酌之以瓠。"瓠,瓢也,口阔,胫薄,柄短。永嘉中,馀姚人虞洪入瀑布山采茗,遇一道士云:"吾丹丘子,祈子他日瓯牺之余,乞相遗也。"牺,木杓也,今常用以梨木为之。

竹荚: 竹荚,或以桃、柳、蒲、葵木为之,或以柿心木为之,长一尺,银裹两头。

鹾簋: 鹾簋,以瓷为之,圆径四寸。若合形,或瓶或罍,贮盐花也。其揭竹制,长四寸一分,阔九分。揭,策也。

熟盂: 熟盂,以贮熟水,或瓷或砂,受二升。

碗: 碗,越州上,鼎州次,婺州次;岳州上,寿州、洪州次。或者以邢州处越州上,殊为不然。若邢瓷类银,越瓷类玉,邢不如越一也;若邢瓷类雪,则越瓷类冰,邢不如越二也;邢瓷白而茶色丹,越瓷青而茶色绿,邢不如越三也。晋·杜毓《荈赋》所谓"器择陶拣,出自东瓯"。瓯,越也。瓯,越州上,口唇不卷,底卷而浅,受半升已下。越州瓷、岳瓷皆青,青则益茶。茶作白红之色,邢州瓷白,茶色红;寿州瓷黄,茶色紫;洪州瓷褐,茶色黑;悉不宜茶。

畚: 畚,以白蒲卷而编之,可贮碗十枚。或用筥,其纸帕以剡纸夹缝令方,亦十之也。

札: 札,缉栟榈皮以茱萸木夹而缚之,或截竹束而管之,若巨笔形。

涤方: 涤方,以贮涤洗之余,用楸木合之,制如水方,受八升。

滓方: 滓方以集诸滓,制如涤方,处五升。

巾: 巾,以绝为之,长二尺,作二枚,互用之以洁诸器。

具列: 具列,或作床,或作架,或纯木纯竹而制之。或木或竹,黄黑可扃而漆者。长三尺,阔二尺,高六寸。具列者,悉敛诸器物,悉以陈列也。

都篮: 都篮,以悉设诸器而名之。以竹篾内作三角方眼,外以双篾阔者经之,以单篾纤者缚之,递压双经作方眼,使玲珑。高一尺五寸,底阔一尺,高二寸,长二尺四寸,阔二尺。

卷下

五之煮

凡炙茶，慎勿于风烬间炙，熛焰如钻，使炎凉不均。持以逼火，屡其翻正，候炮出培塿，状虾蟆背，然后去火五寸，卷而舒则本其始，又炙之。若火干者，以气熟止；日干者，以柔止。其始，若茶之至嫩者，茶罢热捣，叶烂而牙笋存焉。假以力者，持千钧杵，亦不之烂，如漆科珠，壮士接之不能驻其指，及就则似无穰骨也。炙之，则其节若倪，倪如婴儿之臂耳。既而承热用纸囊贮之，精华之气无所散越。候寒末之。其火，用炭，次用劲薪。其炭，曾经燔炙，为膻腻所及，及膏木、败器，不用之。古人有劳薪之味，信哉！其水，用山水上，江水中，井水下。其山水，拣乳泉、石地慢流者上，其瀑涌湍漱，勿食之，久食令人有颈疾。又水流于山谷者，澄浸不泄，自火天至霜郊以前，或潜龙畜毒于其间，饮者可决之，以流其恶，使新泉涓涓然，酌之。其江水，取去人远者。井，取汲多者。其沸，如鱼目，微有声，为一沸；缘边如涌泉连珠，为二沸；腾波鼓浪，为三沸。已上水老不可食也。初沸，则水合量，调之以盐味，谓弃其啜余，无乃䤃槛而钟其一味乎？第二沸出水一瓢，以竹策环激汤心，则量末当中心而下。有顷，势若奔涛溅沫，以所出水止之，而育其华也。凡酌，置诸碗，令沫饽均。沫饽，汤之华也。华之薄者曰沫，厚者曰饽，细轻者曰花。如枣花漂漂然于环池之上，又如回潭曲渚青萍之始生，又如晴天爽朗有浮云鳞然。其沫者，若绿钱浮于水湄，又如菊英堕于尊俎之中。饽者，以滓煮之。及沸，则重华累沫，皤皤然若积雪耳。《荈赋》所谓："焕如积雪，欧菊、煜若春藪"，有之。第一煮水沸，而弃其沫之上有水膜如黑云母，饮之则其味不正。其第一者为隽永，或留熟盂以贮之，以备育华救沸之用。诸第一与第二、第三碗次之，第四、第五碗外，非渴甚，莫之饮。凡煮水一升，酌分五碗，乘热连饮之，以重浊凝其下，精华浮其上。如冷，则精英随气而竭，饮啜不消亦然矣。茶性俭，不宜广，则其味黯澹。且如一满碗，啜半而味寡，况其广乎！其色缃也，其馨欽也。其味甘，檟也；不甘而苦，荈也；啜苦咽甘，茶也。

六之饮

　　翼而飞，毛而走，去而言，此三者俱生于天地间。饮啄以活，饮之时，义远矣哉。至若救渴，饮之以浆；蠲忧忿，饮之以酒；荡昏寐，饮之以茶。茶之为饮，发乎神农氏，闻于鲁周公，齐有晏婴，汉有扬雄、司马相如，吴有韦曜，晋有刘琨、张载、远祖纳、谢安、左思之徒，皆饮焉。滂时浸俗，盛于国朝，两都并荆俞间，以为比屋之饮。饮有觕茶、散茶、末茶、饼茶者，乃斫，乃熬，乃炀，乃舂，贮于瓶缶之中，以汤沃焉，谓之痷茶。或用葱、姜、枣、橘皮、茱萸、薄荷之属。煮之百沸，或扬令滑，或煮去沫，斯沟渠间弃水耳，而习俗不已，于戏！天育万物，皆有至妙，人之所工，但猎浅易。所庇者屋，屋精极，所着者衣，衣精极，所饱者饮食，食与酒皆精极之。茶有九难：一曰造，二曰别，三曰器，四曰火，五曰水，六曰炙，七曰末，八曰煮，九曰饮。阴采夜焙，非造也；嚼味嗅香，非别也；膻鼎腥瓯，非器也；膏薪庖炭，非火也；飞湍壅潦，非水也；外熟内生，非炙也；碧粉缥尘，非末也；操艰搅遽，非煮也；夏兴冬废，非饮也。夫珍鲜馥烈者，其碗数三；次之者，碗数五。若坐客数至五，行三碗，至七，行五碗。若六人已下，不约碗数，但阙一人而已，其隽永补所阙人。

七之事

　　三皇　炎帝神农氏。

　　周　鲁周公旦；齐相晏婴。

　　汉　仙人丹丘子，黄山君；司马文园令相如，扬执戟雄。

　　吴　归命侯，韦太傅弘嗣。

晋 惠帝，刘司空琨。琨兄子兖州刺史演，张黄门孟阳，傅司隶咸，江洗马统，孙参军楚，左记室太冲，陆吴兴纳，纳兄子会稽内史俶，谢冠军安石，郭弘农璞。桓扬州温，杜舍人毓，武康小山寺释法瑶，沛国夏侯恺，余姚虞洪，北地傅巽，丹阳弘君举，新安任育人，宣城秦精，敦煌单道开。剡县陈务妻。广陵老姥。河内山谦之。

后魏 琅琊王肃。

宋 新安王子鸾，鸾弟豫章王子尚，鲍照妹令晖，八公山沙门谭济。

齐 世祖武帝。

梁 刘廷尉，陶先生弘景。

皇朝 徐英公勣。

《神农·食经》："茶茗久服，令人有力，悦志"。

周公《尔雅》："槚，苦茶。"

《广雅》云："荆、巴间采叶作饼，叶老者，饼成，以米膏出之。欲煮茗饮，先炙令赤色，捣末置瓷器中，以汤浇，覆之，用葱、姜、橘子芼之，其饮醒酒，令人不眠。"

《晏子春秋》："婴相齐景公时，食脱粟之饭，炙三弋、五卵，茗菜而已。"

司马相如《凡将篇》："乌啄、桔梗、芫华、款冬、贝母、木蘗、蒌、芩草、芍药、桂、漏芦、蜚廉、藿菌、荈诧、白敛、白芷、菖蒲、芒硝、莞椒、茱萸。"

《方言》："蜀西南人谓茶曰蔎。"

《吴志·韦曜传》："孙皓每飨宴，坐席无不率以七胜为限，虽不尽入口，皆浇灌取尽。曜饮酒不过二升，皓初礼异，密赐茶荈以代酒。"

《晋中兴书》："陆纳为吴兴太守时，卫将军谢安常欲诣纳。纳兄子俶，怪纳无所备，不敢问之，乃私蓄十数人馔。安既至，所设惟茶果而已。俶遂陈盛馔，珍羞必具。及安去，纳杖俶四十，云：'汝既不能光益叔父，柰何秽吾素业？'"

《晋书》："桓温为扬州牧，性俭，每燕饮，唯下七奠，拌茶果而已。"

《搜神记》："夏侯恺因疾死，宗人字苟奴，察见鬼神，见恺来收马，并病其妻。著平上帻单衣入，坐生时西壁大床，就人觅茶饮。"

刘琨《与兄子南兖州刺史演书》云："前得安州干姜一斤，桂一斤，黄芩一斤，皆所须也。吾体中溃闷，常仰真茶，汝可置之。"

傅咸《司隶教》曰："闻南方有蜀妪作茶粥卖，为廉事打破其器具，后又卖饼于市，百禁茶粥以蜀姥，何哉！"

《神异记》："馀姚人虞洪，入山采茗，遇一道士，牵三青牛，引洪至瀑布山，曰：'予丹丘子也。闻子善具饮，常思见惠。山中有大茗，可以相给，祈子他日有瓯牺之余，乞相遗也。'因立奠祀。后常令家人入山，获大茗焉。"

左思《娇女诗》："吾家有娇女，皎皎颇白皙；小字为纨素，口齿自清历。有姊字惠芳，眉目粲如画。驰骛翔园林，果下皆生摘。贪华风雨中，倏忽数百适。心为茶荈剧，吹嘘对鼎䥶。"

张孟阳《登成都楼诗》云："借问杨子舍，想见长卿庐；程卓累千金，骄侈拟五侯。门有连骑客，翠带腰吴钩；鼎食随时进，百和妙且殊。披林采秋橘，临江钓春鱼；黑子过龙醢，果馔逾蟹蝑。芳茶冠六情，溢味播九区。人生苟安乐，兹土聊可娱。"

《传巽七诲》："蒲桃，宛柰，齐柿，燕栗，峘阳黄梨，巫山朱橘，南中茶子，西极石蜜。"

弘君举《食檄》："寒温既毕，应下霜华之茗。三爵而终，应下诸蔗、木瓜、元李、杨梅、五味、橄榄、悬豹、葵羹各一杯。"

孙楚歌："茱萸出芳树颠，鲤鱼出洛水泉。白盐出河东，美豉出鲁渊。姜、桂、茶荈出巴蜀，椒、橘、木兰出高山。蓼、苏出沟渠，精、稗出中田。"

华佗《食论》："苦茶久食，益意思。"

壶居士《食忌》："苦茶久食，羽化，与韭同食，令人体重。"

郭璞《尔雅注》云："树小似栀子，冬生，叶可煮羹饮。今呼早取为茶，晚取为茗，或一曰荈，蜀人名之苦茶。"

《世说》："任瞻，字育长，少时有令名。自过江失志，既下饮，问人云：'此为茶？为茗？'觉人有怪色，乃自申明云：'向问饮为热为冷耳。'"

《续搜神记》："晋武帝时，宣城人秦精常入武昌山采茗，遇一毛人，长丈余，引精至山下，示以丛茗而去。俄而复还，乃探怀中橘以遗精，精怖，负茗而归。"

晋四王起事惠帝蒙尘，还洛阳，黄门以瓦盂盛茶上至尊。

《异苑》："剡县陈务妻，少与二子寡居，好饮茶茗。以宅中有古冢，每饮辄先祀之。二子患之曰：'古冢何知？徒以劳。'意欲掘去之，母苦禁而止。其夜梦一人云：'吾止此冢三百余年，卿二子恒欲见毁，赖相保护，又享吾佳茗，虽潜壤朽骨，岂忘翳桑之报。'及晓，于庭中获钱十万，似久埋者，但贯新耳。母告，二子惭之，从是祷馈愈甚。"

《广陵耆老传》："晋元帝时，有老姥每旦独提一器茗，往市鬻之，市人竞买，自旦至夕，其器不减。所得钱散路傍孤贫乞人。人或异之，州法曹絷之狱中，至夜，老姥执所鬻茗器，从狱牖中飞出。"

《艺术传》："敦煌人单道开，不畏寒暑，常服小石子，所服药有松、桂、蜜之气，所饮茶苏而已。"

释道该说《续名僧传》："宋释法瑶，姓杨氏，河东人，永嘉中过江，遇沈台真，请真君武康小山寺。年垂悬车，饭所饮茶。永明中，敕吴兴礼致上京，年七十九。"

《宋江氏家传》："江统，字应元，迁愍怀太子洗马，常上疏谏云：'今西园卖醢、面、蓝子菜、茶之属，亏败国体。'"

《宋录》："新安王子鸾，鸾弟豫章王子尚诣昙济道人于八公山，道人设茶茗，子尚味之曰：'此甘露也，何言茶茗。'"

王微《杂诗》："寂寂掩高阁，寥寥空广厦。待君竟不归，收领今就槚。"

鲍昭妹令晖著《香茗赋》。

南齐世祖武皇帝遗诏："我灵座上，慎勿以牲为祭，但设饼果、茶饮、干饭、酒脯而已。"

梁刘孝绰《谢晋安王饷米等启》："传诏，李孟孙宣教旨，垂赐米、酒、瓜、笋、菹、脯、酢、茗八种。气苾新城，味芳云松。江潭抽节，迈昌荇之珍；疆场擢翘，越葺精之美。羞非纯束野麏，裛似雪之鲈；鲊异陶瓶河鲤，操如琼之粲。茗同食粲，酢颜望柑。免千里宿舂，省三月粮聚。小人怀惠，大懿难忘。"

陶弘景《杂录》："苦茶轻换膏，昔丹丘子青山君服之。"

《后魏录》："琅琊王肃，仕南朝，好茗饮、莼羹。及还北地，又好羊肉、酪浆。人或问之：'茗何如酪？'肃曰：'茗不堪与酪为奴。'"

《桐君录》："西阳、武昌、庐江、昔陵，好茗，皆东人作清茗，茗有饽，饮之宜人。凡可饮之物，皆多取其叶，天门冬、拔揳取根，皆益人。又巴东别有真茗茶，煎饮令人不眠。俗中多煮檀叶并大皂李作茶，并冷。又南方有瓜芦木，亦似茗，至苦涩，取为屑茶饮，亦可通夜不眠。煮盐人但资此饮，而交、广最重，客来先设，乃加以香芼辈。"

《坤元录》："辰州溆浦县西北三百五十里无射山，云蛮俗当吉庆之时，亲族集会歌舞于山上。山多茶树。"

《括地图》："临遂县东一百四十里有茶溪。"

山谦之《吴兴记》："乌程县西二十里有温山，出御荈。"

《夷陵图经》："黄牛、荆门、女观望州等山，茶茗出焉。"

《永嘉图经》："永嘉县东三百里有白茶山。"

《淮阴图经》："山阳县南二十里有茶坡。"

《茶陵图经》云："茶陵者，所谓陵谷生茶茗焉。"

《本草·木部》："茗，苦茶，味甘苦，微寒，无毒，主瘘疮，利小便，去痰渴热，令人少睡。秋采之苦，主下气消食。注云：春采之。"

《本草·菜部》："苦茶，一名茶，一名选，一名游冬，生益州川谷、山陵道傍，凌冬不死，三月三日采，干。注云：疑此即是今茶，一名茶，令人不眠。本草注：按《诗》云'谁谓茶苦'，又云'堇茶如饴'，皆苦菜也。陶谓之苦茶，木类，非菜流。茗，春采，谓之苦茶。"

《枕中方》："疗积年瘘，苦茶、蜈蚣并灸，令香熟，等分，捣筛，煮甘草汤洗，以末傅之。"

《孺子方》："疗小儿无故惊蹶，以苦茶、葱须煮服之。"

八之出

山南，以峡州上，襄州、荆州次，衡州下，金州、梁州又下。

淮南，以光州上，义阳郡、舒州次，寿州下，蕲州、黄州又下。

浙西，以湖州上，常州次，宣州、杭州、睦州、歙州下，润州、苏州又下。

剑南，以彭州上，绵州、蜀州次，邛州次，雅州、泸州下，眉州、汉州又下。

浙东，以越州上，明州、婺州次，台州下。

黔中，生思州、播州、费州、夷州。

江南，生鄂州、袁州、吉州。

岭南，生福州、建州、韶州、象州。

其思、播、费、夷、鄂、袁、吉、福、建、韶、象十一州，未详，往往得之，其味极佳。

九之略

其造具，若方春禁火之时，于野寺山园，丛手而掇，乃蒸，乃舂，乃复以大火干之，则又棨、朴、焙、贯、棚、穿、育等七事皆废。其煮器，若松间石上可坐，则具列废。用槁薪鼎枥之属，则风炉、灰承、炭挝、火筴、交床等废。若瞰泉临涧，则水方、涤方、漉水囊废。若五人已下，茶可味而精者，则罗合废。若援藟跻岩，引絙入洞，于山口灸而末之，或纸包合贮，则碾、拂末等废。既瓢、碗、筴、札、熟盂、醝簋悉以一筥盛之，则都篮废。但城邑之中，王公之门，二十四器阙一，则茶废矣！

十之图

以绢素或四幅或六幅，分布写之，陈诸座隅，则茶之源、之具、之造、之器、之煮、之饮、之事、之出、之略，目击而存，于是《茶经》之始终备焉。

图书在版编目（CIP）数据

跟着茶经学泡茶／戴玄主编 . —北京：中国轻工业出版社，2019.10

ISBN 978-7-5184-2569-3

Ⅰ . ①跟… Ⅱ . ①戴… Ⅲ . ①茶文化 – 中国 Ⅳ . ① TS971.21

中国版本图书馆 CIP 数据核字 (2019) 第 145499 号

责任编辑：高惠京　　　责任终审：劳国强　　　整体设计：胡欣薇
策划编辑：龙志丹　　　责任校对：李　靖　　　责任监印：张京华

出版发行：中国轻工业出版社（北京东长安街6号，邮编：100740）
印　　刷：北京博海升彩色印刷有限公司
经　　销：各地新华书店
版　　次：2019年10月第1版第1次印刷
开　　本：710×1000　1/16　印张：15
字　　数：250千字
书　　号：ISBN 978-7-5184-2569-3　定价：68.00元
邮购电话：010-65241695
发行电话：010-85119835　传真：85113293
网　　址：http://www.chlip.com.cn
Email：club@chlip.com.cn
如发现图书残缺请与我社邮购联系调换
181532S1X101ZBW